北京师范大学教育学部博士后流动工作站阶段性成果

宁夏自然科学基金资助项目：基于多模态数据的智能化学习资源适应性反馈机制研究（项目编号：2022AAC03311）

"多媒体画面语言学"研究系列丛书

多媒体画面交互设计研究

吴向文　著

U0361923

南開大學出版社

天　津

图书在版编目(CIP)数据

多媒体画面交互设计研究 / 吴向文著. —天津：
南开大学出版社，2024.11. —（"多媒体画面语言学"
研究系列丛书）. —ISBN 978-7-310-06618-6

Ⅰ. TP11

中国国家版本馆 CIP 数据核字第 2024TY9388 号

多媒体画面交互设计研究
DUOMEITI HUAMIAN JIAOHU SHEJI YANJIU

南开大学出版社出版发行
出版人：刘文华
地址：天津市南开区卫津路 94 号　　邮政编码：300071
营销部电话：(022)23508339　营销部传真：(022)23508542
https://nkup.nankai.edu.cn

天津泰宇印务有限公司印刷　全国各地新华书店经销
2024 年 11 月第 1 版　2024 年 11 月第 1 次印刷
260×185 毫米　16 开本　9.75 印张　213 千字
定价：48.00 元

如遇图书印装质量问题，请与本社营销部联系调换，电话：(022)23508339

前　言

随着信息技术的飞速发展，教育领域正经历着前所未有的变革。教育数字化转型已成为全球教育发展的重要趋势，它不仅改变了知识的传播方式，更深刻地影响了人们的学习方式。在这一背景下，数字化学习资源作为教育数字化转型的重要组成部分，其设计与开发日益受到重视。然而，当前数字化学习资源的设计仍面临诸多挑战，尤其是如何有效地进行交互设计，以提升学习者的学习体验和效果，成为亟待解决的问题。

《多媒体画面交互设计研究》正是在这样的背景下应运而生的。本书旨在通过深入研究多媒体画面的交互设计，为数字化学习资源的设计与开发提供理论指导和实践依据。本书的研究背景主要体现在三个方面：一是教育数字化转型背景下学习方式的转变，二是数字化学习资源的发展与挑战，三是指导数字化学习资源交互设计的理论体系不够深入全面。这些背景因素共同构成了本书研究的出发点和动力。

本书的研究意义同样重大。首先，通过完善多媒体画面语言学理论体系，本书将为数字化学习资源的设计与开发提供更为坚实的理论基础。其次，本书将丰富数字化学习资源交互设计理论，为设计师提供更为具体、实用的设计原则和策略。最后，本书的研究成果将为数字化学习资源的设计与开发提供依据，推动教育数字化转型的深入发展。

在研究方法上，本书采用了文献研究法、理论分析法和实验研究法相结合的研究方法。通过文献研究，本书梳理了国内外关于多媒体画面交互设计的相关研究成果，明确了研究的前沿动态和存在的问题。通过理论分析，本书构建了多媒体画面交互设计的理论框架，为后续的实验研究提供了理论支撑。通过实验研究，本书验证了理论框架的有效性和实用性，为数字化学习资源的设计与开发提供了实践指导。

本书的内容结构清晰、逻辑严密。第一章引言部分介绍了研究背景、研究意义、重要概念界定和研究方法。第二章相关研究及理论基础部分回顾了国内外关于多媒体画面语言学和多媒体画面交互设计规则的相关研究成果，总结了进一步研究的问题，并阐述了本书的理论基础。第三章至第六章是本书的核心部分，分别探讨了多媒体画面交互设计影响因素的确定、多媒体画面交互设计要素模型的构建、实验自变量与实验方案的设计以及实验的实施。第七章研究结论与展望部分总结了本书的研究成果和创新之处，并对后续研究提出了展望。

在本书的撰写过程中，我深感多媒体画面交互设计的复杂性和挑战性。然而，正是这些挑战激发了我深入研究的动力和热情。我相信，通过本书的研究和探讨，能够为数字化学习资源的设计与开发提供有益的参考和借鉴。

最后，我要感谢所有支持和帮助过我的人。感谢我的导师和同事们在我研究过程中给予的指导和建议。感谢我的家人和朋友们的理解和支持。正是有了他们的陪伴和鼓励，我才能够顺利完成本书的研究和撰写工作。同时本书还得到以下课题的资助和支持：1. 宁夏回族自治区重点研发计划项目：基于"互联网+"的闽宁教育协作技术开发与应用研究（项目编号 2023BEG03064）；2. 横向课题：中宁县"互联网+教育"成果示范、推广、应用项目资助（2023HXFW005）；3. 横向课题：乡村教育振兴公益项目（信息科技）：模式创新与实践效果研究及推广应用（2024HXFW009）；4. 宁夏高等学校一流学科教育学建设项目（NXYLXK2021B10）；5. 宁夏师范学院本科教学项目：闽宁师范院校《现代教育技术》公共课虚拟教研室（NJXNJYS2402）；6. 宁夏回族自治区一流课程：现代教育技术（ylkc2020-001-61）。

希望本书能够为读者提供有价值的启示和思考，为推动教育数字化转型和数字化学习资源的设计与开发贡献一份力量。同时，我也期待与广大读者共同探讨和交流多媒体画面交互设计的相关问题，共同推动这一领域的不断发展和进步。由于作者水平有限，书中不当之处，敬请批评指正！

编者

目 录

第一章 引 言

随着数字化时代的到来，数字化学习资源已成为教育领域不可或缺的一部分。然而，如何设计出高效、易用且引人入胜的数字化学习资源，成为当前教育技术领域面临的重要挑战。本研究正是针对这一挑战，深入探讨了多媒体画面交互设计在数字化学习资源设计与应用领域的核心作用。通过对多媒体画面交互设计要素的提炼、研究模型的构建以及对设计规则的研究，旨在为数字化学习资源的设计者提供一套系统的理论指导和实践工具，以优化用户体验，提升学习资源的易用性和吸引力，进而促进学习效果的提升。

第一节 研究背景

一、教育数字化转型背景下学习方式的转变

随着信息技术的飞速发展，教育领域正经历着数字化转型的浪潮。尤其是 2021 年 11 月 10 日，上海市在全国率先发布《上海市教育数字化转型实施方案（2021—2023）》，正式吹响了教育数字化转型的号角，使教育数字化转型成为当下各省市、自治区轰轰烈烈开展着的教育战略行动。数字化时代的到来，进一步推动教学突破时空限制，促进教与学的双重革命，打造了没有围墙的校园，汇聚海量的知识资源，为学习者提供更加优质、多样、个性化的学习支持，[①]使得人们的学习方式或主动或被动地发生着深刻的改变。

在新的时代背景下，人们的学习需求普遍增加。2022 年，我国大陆地区各类高等教育在学总规模达到 4655 万人，高等教育毛入学率达到 59.6%，[②]已进入高等教育普及化阶段。这标志着我国普通国民学习需求的普遍增加及学习时间的普遍延长，学习型社会的雏形已逐步显现。同时，随着慕课（MOOC）、微课、翻转课堂、智慧教育等新型教育教学方式的深入发展，尤其是随着教育数字化转型浪潮的到来，数字化学习已经开始逐步融入学校教育，并已成为非学历教育领域的主流学习模式。

多媒体画面交互设计作为数字化学习资源的关键要素，直接影响学习者的学习体验和效果。学习方式的转变，也迅速增加了人们对数字化学习资源的需求，尤其是优质的数字化学习资源，在日益数字化的学习环境中显得弥足珍贵，而且越来越受到人们的重视。而相较于普通学习资源，数字化学习资源的突出优点便是其交互性。合理的数字化学习资源交互设计是决定其优劣的关键。

二、数字化学习资源的发展与挑战

数字技术在教育教学领域各个环节的积极融入，有效推进了教育教学质量的提升。在

---

① 杨晓哲，任友群. 数字化时代的 STEM 教育与创客教育[J]. 开放教育研究，2015（05）：35-40.
② 中华人民共和国教育部. 2022 年全国教育事业发展统计公报[EB/OL].（2023-7-5）[2023-11-10]. http://www.moe.gov.cn/jyb_sjzl/sjzl_fztjgb/202307/t20230705_1067278.html.

"教育数字化转型"大背景下，随着数字技术与教育的深度融合，以 MOOC 等为代表的开放教育资源已被广泛接纳，在线学习、移动学习、泛在学习等基于数字化技术的新型学习方式已经成为人们信息化在环境中学习的必备选项。但总体而言，我国数字化学习资源建设水平和学习者学习需求之间的矛盾依然突出。一方面，互联网中的数字化学习资源呈爆炸式增长；另一方面，资源内容和质量却无法满足不同学习者的多层次需求。[①]数字化学习资源在设计与应用过程中，面临着诸多挑战，如何激发学习者的学习兴趣和动力、如何提供个性化的学习体验等。

数字化学习资源以其信息量大、更新迅速、交互性强等特点，为学习者提供了更加便捷、高效的学习途径。良好的交互设计能够引导学习者的注意力，激发其学习兴趣和动力，提高学习效率和效果。开发足量的优质数字化学习资源是满足当下教育教学需求的重要选择。多媒体画面交互性的研究旨在通过严谨的实验，揭示出多媒体画面交互设计规则，对指导设计优质数字化学习资源具有重要价值。多媒体画面交互设计作为数字化学习资源设计的关键环节，有利于提供个性化的学习体验，满足不同学习者的需求，对于解决这些挑战具有重要意义。

三、指导数字化学习资源交互设计的理论体系不够深入全面

在数字化学习资源的设计与开发中，交互设计是至关重要的一环。学习资源的交互性反映学习资源支持教学交互的能力，直接影响着学习者与学习资源交互的效果，是评价学习资源质量的关键指标。[②]具有良好交互性的数字化学习资源能够极大地满足人们进行有效数字化学习的普遍需求，良好的交互性是通过学习资源提高数字化学习效果的关键，多媒体画面交互的合理设计是促进数字化学习交互的根本所在。

然而研究发现，目前指导数字化学习资源交互设计的理论体系尚存在不足，缺乏难以满足社会生产实际需求。如此现状难以支撑起教育数字化转型背景下，对优质数字化学习资源的普遍需求。因此，完善数字化学习资源交互设计的理论体系，构建一套科学、系统、可操作的指导原则和方法，对于提升数字化学习资源的质量和效果具有重要意义。

第二节　研究意义

在当今数字化教育飞速发展的背景下，数字化学习资源已成为教育创新和知识传播的重要载体。对多媒体画面交互设计问题的研究，不仅对于提升数字化学习资源的质量至关重要，更对于完善多媒体画面语言学理论体系、丰富数字化学习资源设计理论、优化学习体验、提高学习效果具有深远的影响。

一、完善多媒体画面语言学理论体系

多媒体画面语言学是产生于我国本土的教育技术学分支理论，已经形成了"画面语构

---

① 蒋立兵，万力勇，余艳. 数字化学习资源的用户体验模型研究[J]. 现代教育技术，2017（03）：85-92.
② 王志军，陈丽，陈敏，等. 远程学习中学习资源的交互性分析[J]. 中国远程教育，2017（02）：45-52+80.

学""画面语义学"和"画面语用学"三大部分的理论框架,多媒体画面交互设计研究是多媒体画面语言学的重要组成部分,在"画面语构学""画面语义学"和"画面语用学"三大部分中均有不同的表现形式。多媒体画面交互设计的系统性研究是多媒体画面语言学研究领域的创新性研究,该研究不仅有利于深化"画面语构学""画面语义学"和"画面语用学"的理论深度,还使多媒体画面语言学更加充实,在一定程度上丰富和完善了多媒体画面语言学理论体系。

二、丰富数字化学习资源交互设计理论

数字化学习资源的交互设计与针对机器、网页等的"用户界面交互设计"有着本质的区别。"用户界面交互设计"在产品交互领域有着悠久的研究历史和丰富而又成熟的研究成果,如在电冰箱、汽车等机器界面交互设计,再如网站、网页的用户界面设计,产生了如格式塔原理、菲茨定律、希克定律、特斯勒复杂性守恒定律等众多理论成果。但"用户界面交互设计"领域的理论成果很难移植到教育领域,根本原因在于用户界面交互设计研究的目标是促进用户的使用,解决如何使机器更便于用户使用,如何使用户更容易在网上找到自己想要的内容而不至于"迷路"问题;而在数字化学习中,多媒体画面交互性的研究是为了促进学习和促进创新,不会仅仅停留在"使用"的层面。因此,"用户界面交互设计"的相关理论不适用于教育教学领域。

与此同时,由于各种现实原因,在数字化学习资源交互设计理论方面,目前还未形成专门针对数字化学习资源交互设计的较为成熟的理论体系。而多媒体画面语言学理论是处方性的教与学资源设计理论,多媒体画面交互性是数字化学习资源交互性的具体表现形式,其研究也是针对数字化学习资源交互设计的专门理论研究。由此可以说,多媒体画面交互设计研究势必对数字化学习资源的发展起到一定的推动作用,成为数字化学习资源交互设计理论的重要补充。

三、为数字化学习资源的设计与开发提供依据

多媒体画面交互设计是数字化学习资源设计中的关键环节,其创新程度直接决定了学习资源的整体质量和竞争力。深入研究多媒体画面交互设计,可以满足不同学习者的需求,从而推动数字化学习资源的创新发展,探索新的设计理念和技术手段,为学习者提供更加丰富、多样化的学习资源。本研究将构建出数字化学习中的"多媒体画面交互设计要素模型",该模型是进行该领域系统性研究的理论模型;同时还通过教学实验来研究模型中的部分要素,得出数字化学习环境下部分多媒体画面交互设计规则,为数字化学习资源的设计和应用提供具有较强可操作性的指导准则,为数字化学习资源的设计与开发提供依据。

四、提升学习体验提高学习效果

学习者在使用数字化学习资源学习的过程中,多媒体画面的交互设计直接影响着学习者的学习体验。通过优化交互设计,可以使学习资源更加符合学习者的学习习惯和需求,为学习者提供更加直观、便捷的交互方式,从而提高学习者的学习效率和满意度,激发其学习兴趣和积极性。设计合理的交互元素和流程,可以引导学习者更深入地参与到学习中来,更好地理解、掌握和应用所学知识,从而促进学习效果的提升。

第三节　重要概念界定

在深入探讨本研究主题之前，首先需要对研究中涉及的重要概念进行明确界定。这些概念不仅构成了本研究的基础，也直接关联到研究问题的提出、研究方法的选择以及研究结果的解释。

一、数字化学习资源

（一）数字化学习的本质

美国学者杰·克罗斯（Jay Cross）教授于 1998 年首次提出了 e-Learning 的概念，被译作"数字化学习""电子化学习""网络化学习"等。不同的译法代表不同的侧重点，但是三者均强调的是数字技术，强调用技术重塑学习方式。①

关于数字化学习的概念，国内外还有其他不同的说法，比较有代表性的有，我国学者李克东（2001）认为，数字化学习是指学习者利用数字化学习资源，以数字化方式，在数字化的学习环境中进行学习的过程。它包含三个基本要素：数字化学习环境、数字化学习资源和数字化学习方式。何克抗（2002）认为，数字化学习是通过因特网或其他数字化内容进行学习与教学的活动，它充分利用现代信息技术所提供的、具有全新沟通机制与丰富资源的学习环境，实现一种全新的学习方式。美国学者霍顿（Horton W.，2009）认为，数字化学习就是运用信息和计算机技术来构建学习体验。② 虽然研究者们对数字化学习有不同的见解，但都体现出了数字化学习的相同本质：数字化学习是一种基于计算机和计算机网络技术的学习方式。

（二）数字化学习与远程学习、多媒体学习的区别与联系

远程教育的本质是教与学行为的时空分离，③ 因此远程学习是教与学行为时空分离状况下的一种学习形式。而多媒体学习则是利用多种媒体形式进行学习。从多媒体的角度，多媒体学习可以定义为学习者同时利用视觉和听觉通道来加工和处理文本、图像、声音等多种信息表征的过程。④可以看出，相较而言，远程学习更强调教与学行为的时空距离，多媒体学习更强调信息来源的多样性，而数字化学习则更强调是否以数字化手段来进行学习。

目前，虽然在学校课堂教学中也存在每位学习者配备一台计算机的数字化学习方式，但数字化学习的技术特性更容易实现教与学行为的时空分离，在远程教育领域更能体现其时代特征，甚至数字化学习方式直接引领了新一代远程教育的产生与发展，并从根本上提升了远程教育的教学质量。换句话说，数字化学习是当下远程教育所体现出的主要特征。类似地，从多媒体学习的角度讲，计算机技术比以往任何技术都擅长于支持教育教学资源

---

① 杨晓哲，任友群. 高中信息技术学科的价值追求：数字化学习与创新[J]. 中国电化教育，2017（01）：21-26.
② 霍顿. 数字化学习设计[M]. 吴峰，蒋立佳，译. 北京：教育科学出版社，2009：1.
③ 陈丽. 远程教育[M]. 北京：高等教育出版社，2011：77.
④ 赵立影. 多媒体学习中的知识反转效应研究[D]. 上海：华东师范大学，2014：4.

的多样性，数字化学习方式更能体现出信息来源多样化的多媒体学习的特征。在新时代背景下，数字化学习是多媒体学习的主要表现形态。

可见，数字化学习、远程学习和多媒体学习分别侧重学习手段、时空距离和学习资源的多样性，貌似三者之间有一定的差别，实则在教育教学实际中三者之间很难完全割裂。随着信息化教育的深入发展，三者的关系越来越体现出融合发展的趋势。尤其是在信息化教育 2.0 时代的今天，数字化学习既是一种常规的远程学习方式，同时也更能体现多媒体学习的特征。因此可以认为，远程教育理论和多媒体学习理论也同样适用于数字化学习，同样能够用来解释数字化学习中的各种现象。

（三）数字化学习资源的内涵

数字化学习资源有狭义和广义之分。狭义的数字化学习资源是指通过计算机网络可以利用的各种学习资源的总和，具体地说是指所有以电子数据形式把文字、图像、声音、视频、动画等多种形式的信息存储在光、磁、闪存等非纸介质的载体中，并通过网络、计算机或终端等方式传输或再现出来的学习资源。[①]广义的数字化资源由三个部分组成：硬件资源、软件资源和人力资源。其中硬件资源主要是指各种学习终端和网络设施，软件资源则主要是指各种学习工具和数字化学习资源，而人力资源包括相关教师、技术人员和管理人员等。[②]本研究中的数字化学习资源，主要指的是狭义的数字化学习资源，即通过计算机或计算机网络可以利用的各种学习资源的总和。

二、多媒体画面

（一）多媒体画面的内涵

多媒体画面[③]是多媒体学习材料的基本组成单位，是多媒体问世之后出现的一种新的信息化画面类型，是基于数字化屏幕呈现的图、文、声、像等多种视、听觉媒体的综合表现形式。多媒体画面在功能上，是人与多媒体学习材料之间传递与交换知识信息对话的接口，具有动态性、交互性，以及基于屏幕显示、融合了视听觉两类媒体形式、种类纷繁等特点。

（二）多媒体画面与多媒体界面的区别

多媒体画面与多媒体界面是一对非常容易混淆的概念。事实上，二者有着本质的区别，具体表现为以下两个方面。

1. 属性不同

多媒体画面是信息性的，主要用来说明有什么内容，用来呈现学习资源的教育教学信息，如电子课本、MOOC 等教育教学类资源所呈现的教学信息画面。多媒体界面是功能性的，主要用来说明能干什么，更多地体现出了技术特性或功能特点，用来呈现网页和实体商品等的功能面板或操作界面，如计算机程序的操作界面、机械设备多媒体功能区的用户操作界面等。

---

① 陈琳，王矗，李凡，等. 创建数字化学习资源公建众享模式研究[J]. 中国电化教育，2012（01）：73-77.
② 夏欣. 数字化学习资源建设价值观研究[D]. 武汉：华中师范大学，2013：56.
③ 游泽清. 多媒体画面艺术基础[M]. 北京：高等教育出版社，2003：5-10.

2. 适用范围不同

多媒体画面来源于教育技术学分支理论多媒体画面语言学，是该领域的专有名词，主要应用于教育技术领域；而多媒体界面主要适用于人机交互、用户体验等领域。

三、多媒体画面语言

多媒体画面语言①是信息时代出现的一种区别于文字语言的新的语言类型，它主要靠"形"表"义"，即通过图、文、声、像等媒体及其组合来表达知识和思想或传递视听觉艺术美感，也可以通过交互性来优化教学过程，促进学习者的认知和思维发展。

四、交互、交互性与教学交互

"交互"是一个内涵非常丰富的术语。长期以来，教育技术领域的相关学者对"交互""交互性"和"教学交互"这三个概念内涵的理解不尽相同，存在多种不同的定义。这三个概念的产生与运用主要来源于远程教育领域。

20 世纪 80 年代末，随着远程教育的盛行，面对远程教育辍学率高的现实问题，西沃特（Sewart）于 1978 年在其论著《远程学习系统对学习者的持续关注》中提出了持续关注理论，认为远程教育学习者的关注应具有连续性，提出了"学习者支持服务"的概念，引发了人们对师生交互的普遍关注；丹尼尔（Daniel）等将交互与独立学习严格区分开来，认为"交互"是学习者与教师或教育机构成员之间的交流。②这些认识是人们对远程教育领域交互的最初诠释。之后，瑞典学者 John A Baath 于 1980 年提出了在函授教育中提供双向通信交互的设计思想，并强调双向通信交互是远程教育的中心。这是远程教育发展史上的一个重要的转折点，这种交互设计思想在远程教育中的运用，开启了远程教育的一种崭新的模式，对后来远程教育的发展产生了很大的影响。

瓦格纳（Wagner）认为"交互"是至少两个对象和两个行动的相互作用和影响；③莫雷诺（Moreno）和梅耶（Mayer）将"交互"定义为在学习过程中使用相关技术对学习者行为作出响应，并提出五种类型的交互：对话、控制、操作、搜索和导航。④弗拉西达斯（Vrasidas）等认为"交互"是两个或多个参与者在给定的情境中进行互惠行为的过程。⑤德国学者多马克（Domagk）等（2010）认为"交互"是学习者与多媒体学习系统之间的对等活动，其中学习者的行为取决于系统的反应，反之亦然。这些关于交互的认识从不同的视角拓展了人们对交互的理解，但未能明确区别出教育领域的"交互"与非教育领域的"交互"的异同，容易造成研究对象的泛化。

陈丽为了准确界定出交互的内涵，并区别于其他领域的"交互"，将远程教育中的交互

① 王志军，王雪. 多媒体画面语言学理论体系的构建研究[J]. 中国电化教育，2015（07）：42-48.

② Daniel, John S. Marquis, Clement. Interaction and Independence: Getting the Mixture Right [J]. Teaching at a Distance, 1979, 14 (Spr): 29-44.

③ Wagner E D. In support of a functional definition of interaction[J]. American Journal of Distance Education, 1994, 8 (2): 6-29.

④ Moreno R, Mayer R. Interactive multimodal learning environments: Special issue on interactive learning environments: Contemporary issues and trends[J]. Educational psychology review, 2007, 19: 309-326.

⑤ Vrasidas C, McIsaac M S. Factors influencing interaction in an online course[J]. American journal of distance education, 1999, 13 (3): 22-36.

界定为"教学交互"，即一种发生在学习者和学习环境之间的事件，其中包括学习者与教师之间、学习者和学习者之间、学习者和各种物化的资源之间的相互交流和相互作用，[①]并于2016 年将"教学交互"的定义修正为"学习者与学习环境相互交流与相互作用而追求自身发展的过程，是学与教的过程属性"[②]。陈丽对"教学交互"的定义使研究者更易于聚焦有教育意义的交互现象和规律，同时在教学情境中建立概念和教与学之间的联系，使概念对改善远程教育中交互的有效性具有一定的意义。[③]

王志军从学习者的视角出发，对教学交互进行了具有普适性的界定，即广义的教学交互本质上是为了让学习者达到学习目标，学习环境中的主体间相互交流和相互作用的过程。狭义的教学交互是为了让学习者达到学习目标，学习者在学习环境中与其他主体之间相互交流和相互作用的过程。[④]这是对"教学交互"本质的进一步阐释。

同时，也有个别学者专门提出了对"交互性"的理解，比较有代表性有如下几种。贝茨（Bates）提出应该把交互性作为媒体选择的一个标准。[⑤]瓦格纳（Wagner）将"交互性"定义为：对技术提供的连接点与点的能力或特性的描述。[⑥]王志军对学习资源的交互性进行了界定：学习资源的交互性是指学习资源支持教与学相互作用的能力或特性，在学习者与学习资源的交互过程中得以体现。[⑦]这些对"交互性"的定义，充分体现了"交互性""技术属性"的特点。

从上述关于"交互"和"交互性"概念的界定可以看出，长期以来人们对这两个概念没有严格的区分甚至进行混用。陈丽对这两个概念进行了辨析，指出"教学交互是教与学活动的功能和属性，交互性是技术系统的特性"[⑧]。这种认识上的升华有助于我们了解这两个概念本质上的区别。通过前文分析可以看出，"交互"指的是两者之间的"往复运动"，其外延不局限于教育领域；"教学交互"是教与学活动过程中的"交互"，是"交互"的特殊形式；而"交互性"是一种支持和促进"交互"（含教学交互）的技术属性，本研究中的"交互性"主要指数字化学习资源中多媒体画面支持和促进教学交互的属性。因此，具体而言，本研究中"多媒体画面交互性"则是指多媒体画面支持数字化学习的能力或特性，在学习者与数字化学习资源的交互过程中得以体现，即多媒体画面交互设计的逻辑起点是如何促进数字化学习中的教学交互。

五、多媒体画面交互性

多媒体画面交互性是指多媒体画面支持教学交互的属性，主要包括多媒体画面语构交互性、多媒体画面语义交互性和多媒体画面语用交互性三部分内容。

---

① 陈丽. 术语"教学交互"的本质及其相关概念的辨析[J]. 中国远程教育，2004（03）：12-16.
② 陈丽，王志军. 三代远程学习中的教学交互原理[J]. 中国远程教育，2016（10）：30-37+79-80.
③ 陈丽. 术语"教学交互"的本质及其相关概念的辨析[J]. 中国远程教育，2004（03）：12-16.
④ 王志军. 远程教育中"教学交互"本质及相关概念再辨析[J]. 电化教育研究，2016（04）：36-41.
⑤ Bates A W. Interactivity as a Criterion for Media Selection in Distance Education [J]. Never Too Far, 1991, (16): 5-9.
⑥ Wagner E D. In support of a functional definition of interaction [J]. American Journal of Distance Education, 1994, 8 (2): 6-29.
⑦ 王志军，陈丽，韩世梅. 远程学习中学习环境的交互性分析框架研究[J]. 中国远程教育，2016（12）：37-42+79-80.
⑧ 陈丽. 术语"教学交互"的本质及其相关概念的辨析[J]. 中国远程教育，2004（03）：12-16.

（一）多媒体画面语构交互性

多媒体画面语构交互性简称语构交互性，是多媒体画面交互性在画面语构学领域的具体体现，主要研究多媒体画面交互性与媒体五类画面构成要素之间的结构和关系，并以此得出多媒体画面交互设计的语法规则，即"语构交互性规则"。具体研究内容主要包括两个方面：一是多媒体画面交互性属性设计规则研究，如画面交互设计的层级、结构、类型等；二是画面交互性与媒体符号之间的融合规则研究，即媒体符号的交互设计规则研究。语构交互设计最主要的影响因素是多媒体画面交互性的基本属性和媒体符号两大类。

（二）多媒体画面语义交互性

多媒体画面语义交互性简称语义交互性，是多媒体画面交互性在画面语义学领域的具体体现，主要研究多媒体画面交互性与其所表达或传递的教学内容之间的关系及其设计规则，研究如何基于画面交互性更好地呈现教学内容的成分与结构，从中总结一些表现不同类型教学内容的规律性认识，形成"语义交互性规则"。具体而言，就是要研究多媒体画面交互性与其所表达或传递的事实性知识、概念性知识、程序性知识和元认知知识间的关系和匹配规律。教学内容是语义交互设计最主要的影响因素。

（三）多媒体画面语用交互性

多媒体画面语用交互性简称语用交互性，是多媒体画面交互性在画面语用学领域的具体体现，主要研究多媒体画面交互性与真实的教学环境之间的关系，研究如何基于画面交互性使学习资源更好地适应教学环境，总结出适合于不同教学环境特征的交互设计规律，形成"语用交互性规则"。具体而言，语用交互性的研究内容就是多媒体画面交互性与媒介、教师和学习者之间的关系和匹配规律。因此，语用交互设计最主要的影响因素是教师、学习者和媒介。

语构交互性、语义交互性和语用交互性是依据多媒体画面语言学的研究内容对多媒体画面交互性的细化分类。这种概念的细化分类有利于对多媒体画面交互性进行更加深入的研究。语构交互性、语义交互性和语用交互性概念的诞生，是建立多媒体画面交互性概念框架的标志。

第四节　研究方法

研究方法的选择是基于对研究问题、理论框架以及可行性因素的深入考虑，确保研究的科学性、系统性和可复制性。本研究主要采用了以下三种研究方法。

一、文献研究法

对前人相关研究成果的梳理与学习是本研究的逻辑起点。本研究是关于数字化环境下多媒体画面交互设计的研究，本研究的第一步便是对与本研究主题相关的文献资料进行研究。具体而言，本研究聚焦对"数字化学习资源交互设计研究""多媒体画面语言学相关研究""多媒体画面交互设计规则研究"等与本研究不同侧面直接相关的研究主题的梳理与分析，以及在具体层面对具体问题进行分析，汲取前人丰富的研究成果，发现其中的不足，为后续研究做充分的准备，尤其是通过文献研究可以从研究目标、研究内容、研究对象、研究方法、研究范式等不同层面对本研究进行准确定位。

二、理论分析法

理论分析属于理论思维的一种形式，是科学分析的一种高级形式。它在思想上把事物分解为各个组成部分、特征、属性、关系等，再从本质上对其加以界定和确立，进而通过综合分析，把握其规律性。[①]本研究依据对多媒体画面语言学理论的分析从中衍生出语构交互性、语义交互性和语用交互性这三个本研究中的核心关键词；通过对教学交互层次塔与语构交互性、语义交互性和语用交互性对应关系的分析，建立了两者之间的联系，验证了对多媒体画面交互性分类的准确性；然后依据对教育传播学理论中拉斯韦尔的传播模式、贝罗传播模式和马莱茨克传播模式的研究与分析，得出了语构交互设计、语义交互设计和语用性交互设计的系列影响因素，并在此基础上最终构建了"多媒体画面交互设计要素模型"；之后依据双重编码理论、多媒体学习认知理论和认知负荷理论以及"多媒体画面交互设计要素模型"等，提出了数字化学习环境中多媒体画面交互性研究的研究假设，并得到了设计实验材料、测试材料及主观评定题目的基本依据。可见，理论分析在本研究中具有举足轻重的地位。

三、实验研究法

这里的实验研究主要指的是在数字化教学交互环境下的教学实验研究。实验研究法在本研究中主要用于探究多媒体画面语用交互设计规则，即依据相关理论对前期研究中所构建要素模型中的部分内容进行实验检验，并得出相应的实验结果——部分多媒体画面交互设计规则。具体而言，就是依据相关理论设计实验材料，分别以大学生、中学生和小学生为实验对象，在数字化学习环境下进行教学实验。本研究包含四类共 12 个实验，每个实验的实验材料有：数字化学习材料和包括先前知识问卷、保持测试题目、迁移测试题目、主观评定量表在内的测试材料。每个实验的程序为：进行学习者分组—宣读实验指导语—系统分发数字化实验材料—学习者完成学习内容—学习者完成测试内容—系统回收数字化测试材料，之后再进行测试材料完成情况批改及成绩录入、SPSS 分析等步骤，最后依据实验结果得出相应的多媒体画面交互设计规则。

---

① 李庆臻. 科学技术方法大辞典[M]. 北京：科学出版社，1999：78.

第二章　相关研究及理论基础

由上一章可知，随着信息技术的迅猛发展，数字化学习资源已成为现代教育不可或缺的一部分，多媒体画面的交互设计对于提升学习效果和用户体验至关重要。本研究旨在深入探讨数字化学习资源中多媒体画面的交互设计，以期为学习者提供更加直观、高效和有趣的学习体验。在此之前，对相关研究和理论基础的梳理与分析显得尤为重要，其中对与多媒体画面交互设计相关研究的梳理和总结，有助于我们了解近些年来关于多媒体画面领域相关研究的全貌，有助于为我们理解和改进多媒体画面交互设计研究指明方向；对相关理论基础的分析，有助于在下一章中探究多媒体画面交互设计的核心概念和影响因素、构建模型做好理论铺垫。

第一节　相关研究概述

一、多媒体画面语言学相关研究

多媒体画面语言学是诞生和成长在我国本土的一门创新理论，着眼于数字化学习资源的设计、开发和应用，以提高数字化学习效果。该理论的诞生与成长主要得益于天津师范大学游泽清教授团队、王志军教授团队的不懈努力，他们在该领域进行了很多有益的尝试，初步形成了多媒体画面语言学的理论体系并取得一批有价值的理论成果。多媒体画面语言学的发展大致可以分为以下几个阶段。

（一）"多媒体画面语言"概念提出阶段

"多媒体画面语言"概念是由天津师范大学游泽清教授于 2002 年首次提出，[①]其内涵主要体现在两个方面：一是指出"运动画面"是多媒体教材的基本单位，而非美术意义上的"静止画面"；二是明确了组成多媒体画面的基本元素，即图、文、声、像及交互性。

游泽清认为，交互功能给教学过程带来了一种质的变化，体现了"以学为主"的教学理论，是一种开放式的设计思想。指出设计和编写多媒体学习资源是基于一种语言的语法规则之上，遵循多媒体画面语言的规范，是从多媒体教材的需要出发，根据四类媒体符号的特点和艺术规律（即语法）进行综合运用的语法现象，并特别强调应充分重视交互功能的运用。[②]

此阶段的时间跨度主要为 2001—2004 年间，这个阶段最主要的研究成果为专著《多媒体画面艺术基础》的出版。这种将学习资源设计元素升华为语言元素的论述，以及基于多媒体画面语言语法规范的学习资源设计方式，是学习资源设计理论的重要突破，为构建多

---

① 游泽清. 多媒体画面语言的语法[J]. 信息技术教育，2002（12）：79-80.
② 游泽清. 多媒体画面艺术基础[M]. 北京：高等教育出版社，2003：11.

媒体画面语言学理论体系打下了坚实的基础。

（二）"多媒体画面艺术理论"创建阶段

游泽清在专著《多媒体画面艺术基础》的基础上，结合 2003—2008 年间的研究成果，于 2009 年出版了专著《多媒体画面艺术设计》。其在著作中提出了"多媒体画面艺术理论"（multimedia design theory），构建了基于静止画面呈现艺术、运动画面出现艺术、画面上文本媒体呈现艺术、画面上声音媒体呈现艺术和运用交互功能的艺术等构成的理论体系；将该理论的研究范围定位为多媒体画面艺术规则（多媒体画面语言语法）、多媒体画面认知规律和多媒体画面的人性化自然化设计。①将多媒体画面艺术分为媒体呈现艺术性和画面组接艺术。

游泽清将多媒体画面艺术理论定位为"教育技术学"学科中的一门教学资源设计理论。在他看来，多媒体画面艺术理论专门为设计、开发多媒体教材而创建，其中所探讨的媒体呈现艺术与画面组接艺术，分别适用于教育信息环境下的教学资源与教学过程。同时，为了使"多媒体画面艺术理论"在运用中更加有针对性和更加便于操作，他将其细化为系列多媒体画面艺术规则。这些设计规则是"多媒体画面艺术理论"的最终落脚点，这些设计规则的提出对多媒体教材的设计具有重要的指导意义和价值。

"多媒体画面艺术理论"的提出是该领域的有益尝试，为后续研究在研究方向、研究对象、研究方法等方面提供了重要的借鉴。此阶段的时间跨度主要为 2005—2008 年，这个阶段最主要的研究成果为专著《多媒体画面艺术设计》的出版。

（三）"多媒体画面语言学"初步形成阶段

游泽清在《多媒体画面艺术应用》中正式提出了"多媒体画面语言学"（the linguistics of multimedia），并以语言学的理论框架为蓝本创建了画面语言学，形成画面语构学、画面语义学、画面语用学的研究体系，这标志着"多媒体画面语言学"正式诞生。他完善了多媒体画面艺术规则，并对前期研究进行了更加深入的研究。②"多媒体画面语言学"的提出，为多媒体学习资源设计的研究提供了全新的视角，使得以多媒体学习资源的设计与开发为目标而形成系统性理论成为可能。该阶段的时间跨度为 2009—2012 年间，这个阶段最主要的研究成果为专著《多媒体画面艺术应用》的出版。

（四）"多媒体画面语言学"发展与完善阶段

自 2012 年以来，王志军带领团队进一步发展和丰富了"多媒体画面语言学理论"。把"多媒体画面语言学理论"定位于处方性的教与学资源设计理论。其在理论基础上博采众长，在研究方法上由过去以定性研究为主，转变为定性研究与定量研究相结合、传统的认知行为实验手段与现代的眼动跟踪技术相结合、实验室研究与自然情境下的教学实验研究相结合，确定了多媒体画面语言学理论体系、研究范式等框架性、基础性问题，③为多媒体画面语言学的研究打下了坚实的基础；在新时代背景下，王志军又详细论述了大数据背景

① 游泽清. 多媒体画面艺术设计[M]. 北京：清华大学出版社，2009：21-22.
② 游泽清. 多媒体画面艺术应用[M]. 北京：清华大学出版社，2012.
③ 王志军，王雪. 多媒体画面语言学理论体系的构建研究[J]. 中国电化教育，2015（07）.

下多媒体画面语言学的研究范式与方法论等问题①，为多媒体画面语言学在数字时代、智能时代的研究指明了方向。

在新的发展阶段涌现出了一批科研成果。王雪等学者利用眼动仪、脑电仪等设备，通过实验的方式探索了数字化学习资源设计中的诸多现实问题，如多媒体课件中文本内容线索设计规则②、网络教学视频字幕设计问题③、MOOC 教学视频的优化设计问题④、教学视频中视听觉情绪设计的作用机制与优化策略⑤、基于异步视频学习情绪预警的视频画面情感进化模型⑥、VR 和情绪诱发对学习影响的脑机制及优化策略⑦等。

刘哲雨等学者重点运用多媒体画面语言学理论对深度学习相关问题进行了深入研究，如行为投入影响深度学习的实证探究⑧、复杂任务下的深度学习——作用机制与优化策略⑨、计划调节学习支架对在线深度学习的影响机制研究⑩、监控调节学习支架影响深度学习的作用机制⑪等。

此外，温小勇、冯小燕、刘潇、曹晓静等学者也在多媒体画面语言研究领域进行了诸多有益的探索，并取得了一定的研究成果。

（五）述评

通过上述关于多媒体画面语言相关研究的梳理与分析，我们可以发现以下几个初步结论和启示。一是多媒体画面语言学主要由画面语构学、画面语义学和画面语用学三部分构成。多媒体画面由图、文、声、像、交互五大画面要素构成，作为处方性的教与学资源设计理论，对五大画面要素的研究是该研究方向最基础的研究。二是目前的相关研究成功地展示出了运用实验手段研究多媒体画面设计规则的研究范式，在实验对象、实验方法、实验手段、实验材料等诸多方面，有很多成功的经验和精彩的演绎，为本研究中研究方法的选择提供了重要的参考。三是多媒体画面语言学的相关研究具有语言学的宏观视野，以及良好的顶层架构，为后续研究打下了坚实的基础。同时，已有研究也存在着如下诸多不足。

① 王志军，吴向文，冯小燕，等. 基于大数据的多媒体画面语言研究[J]. 中国电化教育，2017（04）：63-69.

② 王雪，王志军，付婷婷，等. 多媒体课件中文本内容线索设计规则的眼动实验研究[J]. 中国电化教育，2015（05）：90-104，+117.

③ 王雪，王志军，侯岸泽. 网络教学视频字幕设计的眼动实验研究[J]. 现代教育技术，2016（02）：45-51.

④ 王雪，周围，王志军，等. MOOC 教学视频的优化设计研究——以美国课程中央网站 Top20 MOOC 为案例[J]. 中国远程教育，2018，（05）：45-54.

⑤ 王雪，韩美琪，高泽红，等. 教学视频中视听觉情绪设计的作用机制与优化策略研究[J]. 远程教育杂志，2020，38（06）：50-61.

⑥ 王雪，王鉴羽，乔玉飞，等. 基于异步视频学习情绪预警的视频画面情感进化模型研究[J]. 现代远距离教育，2022，（06）：11-22.

⑦ 王雪，牛玉洁，贾薪卉，等. VR 和情绪诱发对学习影响的脑机制及优化策略研究[J]. 远程教育杂志，2023，41（06）：84-93.

⑧ 刘哲雨，王志军. 行为投入影响深度学习的实证探究——以虚拟现实（VR）环境下的视频学习为例[J]. 远程教育杂志，2017（01）：72-81.

⑨ 刘哲雨，王红，郝晓鑫. 复杂任务下的深度学习：作用机制与优化策略[J]. 现代教育技术，2018，28（08）：12-18.

⑩ 刘哲雨，刘畅，许博宇. 计划调节学习支架对在线深度学习的影响机制研究[J]. 电化教育研究，2022，43（08）：77-84+100.

⑪ 刘哲雨，刘佳乐，于评，等. 监控调节学习支架影响深度学习的作用机制[J]. 现代教育技术，2023，33（01）：49-57.

1. 缺乏多媒体画面交互性的系统性研究

通过多媒体画面语言学相关研究可以发现，目前研究更多地关注图、文、像三个画面要素的研究，相对而言，对声和交互性的研究比较薄弱。虽然在部分研究中也涉及了"交互性"研究，但尚不够深入和系统，没能形成多媒体画面交互设计要素模型和系统性研究成果，难以满足数字化学习资源交互设计的理论需求。

2. 实验研究样本量不足、对象年龄分布单一

实验样本数量对实验结论的产生具有很大影响，足够的实验样本才能使实验结论具有代表性和广泛性。通过上述梳理发现，相关实验研究呈现出研究样本较少的特点，部分实验分组后，每组被试人数少于 30 人，致使研究结果缺乏说服力。

有数字化学习能力的在校学生主要由大、中、小学生构成。而近年来，在相关教学实验研究中，实验对象以大学生为主，缺乏以其他年龄群体为实验对象的研究，尤其是缺少对中学生和小学生群体的研究。这会导致研究结论的适用范围受到限制，不利于推广。

3. 缺乏真实教学环境下的实验研究

实验环境跟真实的教学环境具有较大差异，实验环境下的教与学的研究结论在真实的教学环境下往往面临诸多困境。目前的相关研究主要以实验环境下的眼动实验为主，缺乏真实教学环境下的实验研究，实验手段比较单一。

二、多媒体画面交互设计规则研究

多媒体画面交互性研究的最终目的，是探索出多媒体画面交互设计规则，用以指导数字化学习资源的交互设计。多媒体画面交互设计规则比较有代表性的主要有：梅耶的交互设计规则、游泽清的交互设计规则和温小勇的交互设计规则。

（一）梅耶的交互设计规则

梅耶于 2001—2014 年间，在其著作《多媒体学习》（*Multimedia Learning*）、《剑桥多媒体学习手册》（*The Cambridge Handbook of Multimedia Learning*）、《多媒体学习（第二版）》（*Multimedia Learning （2 edition）*）、《剑桥多媒体学习手册（第二版）》（*The Cambridge Handbook of Multimedia Learning （2 edition）*）中，通过大量的实验，先后提出诸多多媒体教学信息设计规则（包括基础性的设计规则和高阶设计规则）。这些设计规则在国际学习资源设计领域具有重要的地位，其中与学习资源交互设计有关的设计规则包括反馈原理和学习者控制原则[①]。

反馈原理：新手学习者在解释性反馈方面比单独纠正性反馈学习更好。

学习者控制原则：如果学习者具备高水平的先验知识，且他们能够获得额外的教学支持，能在学习环境中自我定位、自我调节学习，则可以使其控制他们的指令，让他们按进度、顺序和选择信息帮助学习。

梅耶的交互规则内容比较具体，可操作性较强，对日常学习资源设计工作具有指导意义。

---

① Mayer R E. The Cambridge Handbook of Multimedia Learning (Second Edition)[M]. Cambridge: Cambridge University Press, 2014: 15.

（二）游泽清的交互设计规则

游泽清通过大量的实践与研究总结出 8 个方面共 34 条多媒体教学信息设计规则，[①]其中与交互功能设计有关的规则如下：

交互规则设计总则：运用交互性的"亮点"，要体现在"智能度"和"融入度"两个指标上。

交互规则设计细则：规则 1 即在多媒体教材中设计交互功能，应该尽可能使学习者感到有求必应，有问必答。规则 2 即在多媒体教材中设计交互功能，应该注意供学习者操作的"手柄"在画面上的呈现艺术。

游泽清提出的交互设计规则是多媒体画面设计中宏观层面的交互设计规则。相较而言，游泽清提出的交互功能设计规则未能从较为具体的微观层面提出指导原则，但该规则仍然不失为从"用户体验"角度进行交互设计的最高原则之一。

（三）温小勇的交互设计规则

温小勇在其博士学位论文《教育图文融合设计规则的构建研究》中，也开展了"动态图文交互控制方式与关联线索对不同性质材料的多媒体学习影响研究"，[②]提出了相关交互设计原则。

交互设计总则：交互设计必须以理解图文内容为基础目标，让学习者能够主动调控认知过程（包括选择信息、组织信息、整合信息等），尽可能帮助学习者创造和建立与画面之间的有意义联结，使他们感知到舒适的用户体验。

交互设计细则 1：在动态画面中，为保证学习者与图文内容之间的黏合度，画面应该设置交互用来自主调控播放速度和选择学习内容。

交互设计细则 2：当文本内容的抽象程度较高时，画面中图像（可视化）区域应该设置交互用来支持学习者参与思维建模。

交互设计细则 3：为增强图文之间关联性，画面可以设置交互控制图文内部细节的变化过程，使它们实时同步或交替呈现，形成互动呼应的效果。

交互设计细则 4：为激发学习者快速有效建立言语和视觉模型，画面可以设置交互引导学习者对图文关键内容的反馈确认。

温小勇的交互设计规则是围绕"教育图文融合"展开的，因此该规则适用于与图文融合相关的数字化学习资源设计。同时，该结论同样建立在以大学生为实验对象的眼动实验的基础之上，由此，从适用对象角度讲，该结论也主要适用于面向大学生群体的学习资源设计。综合而言，该规则适用于大学教师基于"图文融合"理念的学习资源的交互设计。

（四）述评

通过上述研究，得到如下启示：就研究结论而言，交互设计规则具有便于理解、可操作性强等特点，对指导教学实际具有重要的价值。上述研究均将自身研究的落脚点放在了设计规则上，制定出了普通教师和学习者能够直接运用的学习资源交互设计指导原则，提

---

① 游泽清. 多媒体画面艺术设计[M]. 北京：清华大学出版社，2009：240.
② 温小勇. 教育图文融合设计规则的构建研究[D]. 天津：天津师范大学，2017：191-192.

升了研究的价值体现。本研究是多媒体画面语言学下的分支理论研究,是处方性的教与学资源设计理论,研究结论应同样是相关的设计规则——多媒体画面交互设计规则。就研究范围来说,梅耶教授和游泽清教授数年如一日地耕耘在自己的研究领域,各自开创了一片重要的学术领地,取得了非凡的学术成就。他们的研究都具有"专"且"深"的特点。本研究旨在研究多媒体画面交互性规则,研究范围应具体而明确。

通过上述分析可以发现,该领域研究也存在以下不足之处。

1. 缺乏交互设计的完备规则体系

上述三位学者基于自身的研究得出了系统性的研究结论,具体表现为系列设计规则,其中有关交互性的规则只是其中的一部分。仅有的交互设计规则内容覆盖面较小,并未涉及大部分交互设计内容,对学习资源交互设计方面仅能发挥有限的作用。因此,上述研究体现出了缺乏交互设计的完备规则体系的特点。

2. 缺乏数字化学习资源的相关研究

目前的相关研究主要是针对多媒体学习展开的,虽然由此得出的结论也基本都适用于数字化学习,但毕竟这两者的概念是有区别的,且随着时代的变迁,数字化学习已经成为课堂学习之外最主要的学习形式。因此,相关研究也应该与时俱进,更多地开展数字化学习资源的相关研究。

第二节 相关研究总结及进一步研究的问题

一、相关研究总结

基于前文中对多媒体画面语言学及多媒体画面交互设计规则相关研究的梳理,我们认为该领域研究有如下不足:

第一,从多媒体画面微观视角开展的相关研究较少。多媒体画面是数字化学习资源的组成单元,也是学习者对学习资源最直观的印象,从多媒体画面视角进行的研究更能触及数字化学习资源交互设计的本质问题。

第二,"多媒体画面交互设计"方面的研究匮乏。目前的相关研究更多地关注对多媒体画面语言中图、文、像三个画面要素的研究,有关交互性的研究比较薄弱。虽然部分研究也涉及了"交互性"研究,但不够深入和系统。至今尚未有多媒体画面交互设计要素模型和系统性研究形成。

二、进一步研究的问题

本研究重点着眼于数字化学习环境中多媒体画面交互设计问题,旨在在多媒体画面的视角下,解决数字化学习资源的交互设计问题,具体而言包括以下几个方面。

(一)对多媒体画面交互性的分类

对多媒体画面交互性进行分类是对其进行深入研究的第一步,只有对不同类别多媒体画面交互性的本质进行区别和把握,才能对其进行有效识别和探究,有利于分门别类且有针对性地进行深入研究。因此,本研究的第一个主要问题便是如何对数字化学习中多媒体画面交互性进行分类。

（二）有关多媒体画面交互性的影响因素

在数字化学习环境中，有众多因素对多媒体画面交互设计有着重要的影响，甚至可以认为，这些影响因素直接决定着多媒体画面的交互设计方式。那么不同多媒体画面交互性的影响因素有哪些？这些影响因素对多媒体画面交互设计起着什么样的作用？这些都是在对多媒体画面交互性进行分类之后所要研究的重点内容。

（三）关于多媒体画面交互设计要素模型

目前，有关多媒体画面交互性的研究还未呈现出成熟的研究体系，致使相关研究各自为政、不成系统，且相关概念也容易被混用。在前期关于多媒体画面交互性分类研究及其影响因素研究的基础上，经过深入系统的研究，本研究最终构建出数字化学习中多媒体画面交互设计要素模型。该研究模型的建立有利于在宏观上把握该领域的研究，有利于建立清晰的概念体系，也有利于有针对性地分门别类地开展相关研究。

（四）多媒体画面交互性部分设计规则的实验研究

多媒体画面交互性是一个较为宏大的概念，基于时间和现实条件的考量，本研究选择部分基础性的多媒体画面交互性内容进行教学实验。本研究中的教学实验在一定的理论和前期研究的要素模型的基础上，以数字化学习中最常见最基础的"学习者控制"和"反馈"等教学交互方式为基础进行实验，通过对教学交互实验得出相应的多媒体画面交互设计规则，以此来指导日常数字化学习资源中多媒体画面的交互设计。

第三节　理论基础

一、教学交互层次塔理论

"教学交互层次塔"的提出，为深入研究各种学习中的交互现象提供了理论框架。这一理论是我国学者在该领域作出的重要贡献之一，被何克抗教授誉为改革开放以来，我国自主创新的远程教育理论与远程教育模式的重要研究成果。[①]

（一）理论来源

教学交互塔层次理论是我国学者陈丽在总结了摩尔（Moore）、希尔曼（Hillman）、劳里拉德（Laurillard）、丁兴富等国内外学者的观点之后，并在劳里拉德（Laurillard）学习过程会话模型的基础上提出的。摩尔（Moore）将远程教育中的交互分为学习者与教师、学习者与学习者以及学习者与学习资源之间的交互这三种类型。希尔曼（Hillman）认为，学习者必须通过媒体操作才能进行以媒体为中介的学习活动，所以远程学习中存在着学生与界面的交互。劳里拉德（Laurillard）认为，在学习者学习过程中存在两种层面的交互，即学习者行为与教师创设的学习环境之间的交互，以及学习者的概念与教师的概念之间的交互。丁兴富认为，学习者、教师以及资源是远程教育教学必不可少的要素。基于前人的相关研

---

① 何克抗. 中国特色教育技术理论的形成与发展[J]. 北京大学教育评论，2013（03）：8-31+189.

究成果，陈丽提出了教学交互塔层次理论，"教学交互层次塔"的提出，为深入认识师生非面对面学习中的交互现象提供了理论框架，是教学交互的"元"理论，被何克抗教授誉为改革开放以来我国自主创新的远程教育理论与远程教育模式的重要研究成果。[①]

（二）主要观点

陈丽依据抽象程度及高低级别，从宏观上将远程教育中的教学交互分为操作交互、信息交互和概念交互三个层次（如图 2-1 所示）。其中，操作交互是学习者与媒体界面的交互，是三者中最基础、最具体的交互形式，也是最低级的交互形式；概念交互是学习者的新旧概念的交互，即认知层面的交互，是三者中最抽象、最高级的交互层次，也是发生教学交互的最终目标；信息交互是学习者与教学要素的交互，包括师生交互、生生交互以及学习者与学习资源之间的交互，其抽象程度和高低级别，介于操作交互与概念交互之间。

教学交互层次塔清晰地界定了时空分离状况下的学习交互的类别、内涵和逻辑关系，其中，操作交互中涵盖了学习者客观上的交互对象和交互方式，信息交互涵盖了学习者主观上的交互对象和方式，而概念交互涵盖了交互的终极目标。

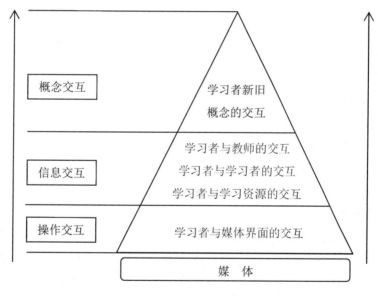

图 2-1　教学交互层次塔[②]

（三）启示

1. 画面交互性与教学交互的关系

多媒体画面交互性是用来支持教学交互的属性，只有能够支持所有常规类型教学交互的多媒体画面交互设计，才是有现实意义和价值的设计。这里我们可以推测，本研究中的多媒体画面交互性，应该与教学交互层次塔中各层之间的交互存在一种全覆盖式的对应关系，只有如此，才能对所有层次的教学交互进行支持。对此，我们还将在后续研究中进行专门的讨论。

---

① 何克抗. 中国特色教育技术理论的形成与发展[J]. 北京大学教育评论，2013（03）：8-31+189.

2. 分层思想的启示

教学交互分层的思想是教学交互层次塔中体现出来的主要观点之一。这种对研究对象的分类分层的研究，有助于进一步认识问题的本质，有助于研究的细化和系统性。多媒体画面交互性是一个内涵丰富的概念，在实际研究中，笼统的概念容易使研究者忽略问题的本质所在，若能对其进行细化分类研究，则非常有助于本研究工作的开展。

3. 对画面交互设计目标的启示

众所周知，画面交互设计是为了促进教学交互，多媒体画面交互设计有着严密的逻辑和明确的目标。多媒体画面交互设计的重要目标应该是，直接促进操作交互和信息交互，从而间接促进概念交互。

二、多媒体画面语言学理论

（一）理论来源

多媒体画面语言学理论是产生于我国本土的教育技术学分支理论，是处方性的教与学资源设计理论，对数字化学习资源的设计与开发具有重要的指导价值，多媒体画面交互性是其中的重要组成部分。

多媒体画面语言学理论的形成经历了四个阶段：第一个阶段是"多媒体画面语言学"这一核心概念的提出，主要贡献者是天津师范大学游泽清教授及其团队；第二阶段是"多媒体画面艺术理论"创建阶段，这个阶段是游泽清教授及其团队的又一次创新性研究；第三阶段则是多媒体画面语言学理论的初创阶段，提出了该理论及其设计框架；第四阶段是发展与完善阶段，这一阶段的主要贡献者是王志军教授团队，他们在前人的基础上对多媒体画面语言学进行了进一步的完善，最终确定了多媒体画面语言学理论体系、研究范式等框架性、基础性问题，并在此基础上开展了许多实证研究。

（二）主要观点

1. 研究内容

王志军将多媒体画面语言类比为符号语言，得出了以下推论：一是多媒体画面中使用的基本符号是各类媒体；二是通过各类媒体符号，所表达和传递的信息内容是教学内容；三是多媒体画面中，各类媒体符号的具体情境是真实的信息化教学环境。基于上述推论，初步确定了多媒体画面语言学的理论框架（如图 2-2 所示）。从图中可以看出，多媒体画面语言学由多媒体画面语构学、多媒体画面语义学和多媒体画面语用学三部分组成。

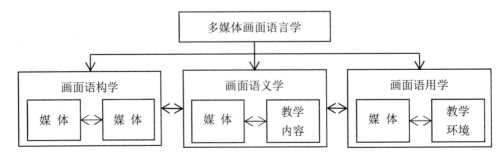

图 2-2　多媒体画面语言学理论框架

（1）多媒体画面语构学

多媒体画面语构学又称为画面语法学或画面语形学，主要研究多媒体画面中各画面要素之间的结构和关系，以此得出多媒体画面语言的语法规则。研究内容有三个方面：多媒体画面的构成要素分析、各要素的设计规则和各要素之间的配合关系。其中多媒体画面的构成要素包括图、文、声、像四大媒体符号和画面交互性，即图片（图形、图像）、文本（数字化文本）、声音（解说、背景音乐、音响效果）、像（动画、视频）和画面交互性，共五大画面构成要素。

（2）多媒体画面语义学

多媒体画面语义学研究各画面构成要素与其所表达或传递的教学内容之间的关系，以总结一些表现不同类型教学内容的规律性认识，形成"画面语义规则"。具体而言，画面语义学就是要研究多媒体画面中，图、文、声、像四大类媒体符号及画面交互性，与所表达或传递的事实性知识、概念性知识、程序性知识和元认知知识这四大类知识间的关系和匹配规律，如图 2-3 所示。

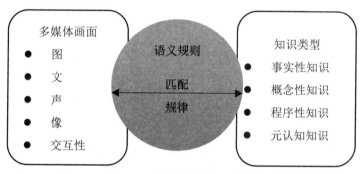

图 2-3 画面语义学研究内容

（3）多媒体画面语用学

多媒体画面语用学主要研究各画面构成要素与真实的教学环境之间的关系，以总结出适合于不同教学环境特征的媒体设计规律，形成"画面语用规则"。具体而言，多媒体画面语用学的研究内容，就是要研究多媒体画面中，图、文、声、像四大类媒体符号及画面交互性，与教师、学习者和作为物理载体的媒介之间的关系和匹配规律，如图 2-4 所示。

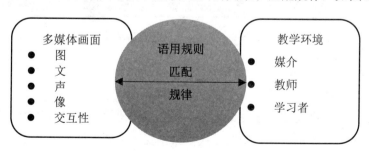

图 2-4 画面语用学研究内容

2. 研究逻辑

多媒体画面语言研究主要包括数据来源、数据获取、数据分析等环节。多媒体画面语言研究中的数据主要来源于多媒体画面数据和在自然情境、实验室情境下通过抽样样本与全样本相结合的方法获取的学习者学习过程和学习结果数据，即学习行为数据。数据分析的主要对象是前期采集的画面数据、学习行为数据及两者之间的关联数据。在众多学习者的学习画面数据、行为数据及其关联数据中，挖掘未知的多媒体画面语构规则、语义规则、语用规则及其匹配规律，分析行为数据与画面数据之间多元、深度关系，探索多媒体画面语言与多媒体学习行为间的深层关联，探索不同情境下的多媒体画面设计规则，实现多媒体学习效果最优化的目标（如图 2-5 所示）。

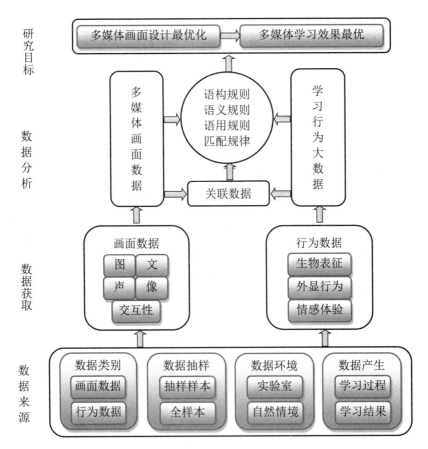

图 2-5　多媒体画面语言研究逻辑

（三）启示

1. 本研究的定位

本研究是多媒体画面语言学理论框架下的分支理论研究。多媒体画面交互性的研究是多媒体画面中图、文、声、像、交互五大要素中交互性要素的探究，属于多媒体画面语言学理论体系下的分支理论，是画面交互性在画面语构学、画面语义学、画面语用学三个层面的深入研究。

2. 本研究的研究逻辑

本研究应遵循"理论论述—通过教学实验获取数据—分析数据—归纳总结画面交互设计规则"的研究范式。数据来源于自然情境下的抽样样本数据，包括来源于画面设计数据以及实验对象产生的学习结果数据。然后运用 SPSS 软件对所获取的数据进行分析。最后通过数据分析结果归纳总结画面交互设计规则。

3. 画面交互性的重要性

多媒体画面交互性是数字化学习资源的灵魂所在。通过前文的分析可以看出，交互性实现了数字化学习资源框架的搭建，其他四个画面要素实现了框架内容的填充。交互性贯穿于整个数字化学习资源，使由图、文、声、像构成的学习内容成为一个整体，实现了数字化学习资源内部的合理贯通以及对外的有效衔接。因此，可以认为优秀的交互性是数字化学习资源与其他学习资源的本质区别，是数字化学习资源的灵魂所在。

三、教育传播学理论

数字化学习的过程是知识的传播过程，本质上属于一种教育领域的信息传播现象。因此，教育传播学理论可以用来分析数字化学习过程，甚至可以从教育传播学的角度来解释教学交互如何对多媒体画面交互设计产生影响。所以，教育传播学理论是本研究重要的理论基础之一。

（一）拉斯韦尔的传播模式[①]

美国学者拉斯韦尔于 1948 年在《传播在社会中的结构与功能》一文中，首次提出了构成传播过程的基本要素，即传播者、信息、媒介、接受者和效果，并按照一定结构顺序将它们进行排列，形成了"5W"模式或"拉斯韦尔传播模式"（如图 2-6 所示）。该模式首次清晰地描述了传播的基本过程，使人们对传播有了清晰的认识，对后续研究产生了巨大影响。

图 2-6　拉斯韦尔的"5W"传播模式

图 2-6 中的传播者是指传播过程中信息的传递者，是信息的源头，如教学交互过程中的教师；信息内容是由一组有意义的符号组成的信息组合，如教学过程中的教学内容；媒介是信息传播所必须通过的中介或借助的物质载体，如传递教学信息的计算机网络；接受者是传播信息的接受对象，如教学交互中的学习者；效果是体现在接受者身上的传播效果，如学习者的学习效果。

拉斯韦尔传播模式从传播学的角度生动解析了数字化学习中知识的传播过程，清晰地指出了多媒体画面交互设计中的影响因素及其有效性检验的标准。虽然该模式没有揭示人类社会传播的双向和互动性质，没能揭示出传播过程中噪音、反馈等特点，但相较而言，

① 奚晓霞. 教育传播学教程[M]. 重庆：西南师范大学出版社. 2009：34-35.

"5W"模式更简单明了、切中要害,有效地描述了传播和规划了传播学研究,是描述单向传播过程的经典模型。

(二)贝罗的传播理论①

贝罗模式也叫 SMCR 模式,综合了哲学、心理学、语言学、人类学、大众传播学、行为科学等理论,把传播过程分解为四个基本要素:信息源(S)、信息(M)、通道(C)、受播者(R),如图 2-7 所示。贝罗模式说明信息传播方式和渠道不是唯一的,最终传播效果由传播过程的四个基本要素以及它们之间的关系共同决定,传播四要素同时也会受到其自身因素的制约。

如图 2-7 所示,信息源包括传播技术、态度、知识、社会系统和文化,这些要素都对信息传播效果有一定影响。其中的"传播技术"即传播信息所运用的语言、文字、手势及表情等,即信息传播的方式、手段、渠道;"态度"即传播者的主观态度、思想意识;"知识"即传播者对传播内容的熟悉程度和掌握程度;"社会系统"即传播者在社会环境中的地位、影响与威望等;"文化"即传播者的学识、学历等。

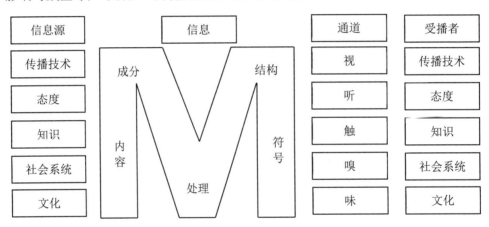

图 2-7　贝罗的 SMCR 传播模式

信息源与受播者,虽然在传播过程的两端,但是在传播过程中,两者可以互换角色。因此影响受播者的因素与传播者的相同都是传播技术、态度、知识、社会系统与文化。

信息的影响因素包括符号、内容(包括成分与结构)、处理等。其中"符号"即承载信息的语言、文字、图像与声音等;"内容"是以"符号"为载体的信息本身,包括信息的成分与结构;"处理"是"传播者"对"符号""信息"等的选择与安排。

通道是传播信息的各种工具,如各种感觉器官,载送信息的报纸、杂志、电影、电视、图画、图表,等等。在传播过程中,信息的内容、符号及处理方式,均会影响通道的选择。

教育传播是一个复杂的现象,教育信息可以通过不同的方式和渠道传播,是决定教学信息传递效率和效果的影响因素,是多元而又复杂的,各影响因素之间是既相互联系又相互制约的。相较而言,贝罗模式更加鲜明地体现出了传播过程的这些特点。

---

① 奚晓霞. 教育传播学教程[M]. 重庆:西南师范大学出版社.2009:36-37.

（三）马莱茨克的大众传播过程模式①

马莱茨克的大众传播过程模式，是德国学者马莱茨克于 1963 年在《大众传播心理学》一书中提出的。该模式从社会心理学的角度，把传播过程相关因素及其相互关系进行了细化分类，运用系统性的视角对传播过程中个性的、心理的、社会的各种影响因素和关联因素进行考察，社会传播系统就是由传播过程中的这些影响因素和关联因素构成的。

马莱茨克的大众传播过程模式如图 2-8 所示。与贝罗等的传播模式类似，马莱茨克按照传统的基本要素来建立模式，基本要素包括传播者（C）、信息（M）、媒介和接收者（R）。这一模式勾画出了各个要素之间的复杂互动关系，展现出了社会与传播之间的关系。该模式内容非常详尽，因此，有人将其称作研究大众传播过程的一份"清单"。尤其是该模式全面地列举了传播者和接收者的影响因素，这对数字化学习中的多媒体画面交互设计具有重要的指导意义和参考价值。

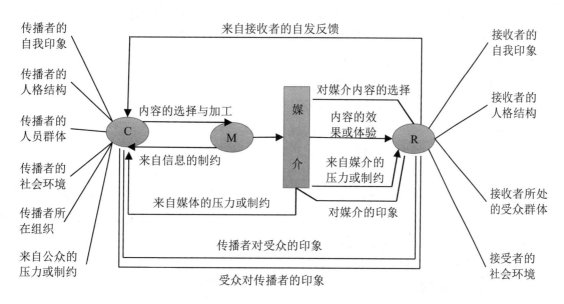

图 2-8 马莱茨克的大众传播过程模式

如图 2-8 所示，对传播者（C）的影响因素有"自我印象""人格结构""人员群体""社会环境""所在组织"和"来自公众的压力和制约"；对接收者（R）的影响因素有"自我印象""人格结构""所处的受众群体"和"社会环境"。

如图 2-8 所示，影响和制约传播者（C）的主要因素包含三个层面：个人层面、组织层面和社会层面。其中，个人层面包括传播者的"自我印象"和"人格结构"；组织层面包括传播者的"人员群体"和"所在组织"；社会层面包括"社会环境"和"来自公众的压力或制约"。

影响和制约受者（R）的主要因素有四个方面：一是"媒介的压力或制约"，二是个人层面包括"自我印象"和"人格结构"，三是组织层面主要指"受众群体"，四是社会层面，

---

① 郭庆光. 传播学教程（第二版）[M]. 北京：中国人民大学出版社，2011：60-61.

主要指社会环境对受传者的影响，包括各种群体、社区乃至整个社会环境的制约和影响。

影响和制约媒介与信息（M）的因素主要有：传播者对信息内容的选择和加工以及受传者对媒介内容的选择。此外，制约媒介的一个重要因素是受传者对媒介的印象，通常接收者会选择知名度和可信度较高的媒介的传播内容加以接触。

马莱茨克模式较为详尽地展示了传播者、信息、媒介和接收者四类要素之间的循环、互动、反馈的特点，说明了社会传播是一个极其复杂的过程，评价任何一种传播活动，都必须对涉及该传播过程的影响因素及关联因素进行全面系统的分析。

（四）启示

1. 画面交互性影响因素的提炼

数字化学习过程是一个教学信息的传播过程，这个过程中数字化学习资源是整个传播过程的"中介"，因此数字化学习资源是所有传播要素影响学习效果的集中体现。只有通过直接"影响"数字学习资源中多媒体画面交互设计，才能达到间接影响学习效果的作用。因此，我们可以从教育传播理论中来提炼多媒体画面交互设计的影响因素。

2. 画面交互性影响因素的构成元素的提炼

贝罗传播模式和马莱茨克传播模式中展示了传播要素多元化的构成成分，甚至是传播要素系统化的构成成分。这些传播要素及其构成成分与多媒体画面交互性有何关系？这些传播要素的构成成分，是不是多媒体画面交互性影响因素的构成元素，从而影响多媒体画面交互设计？这些问题将在后面章节中进行研究。

3. "效果"因素的重要价值

学习者的学习效果集中体现出了多媒体画面交互设计的优劣，是评价多媒体画面交互设计有效性的重要标准，甚至是最重要的标准。因此，在后续教学实验研究中，应将"学习效果"这个传播要素，作为检验交互设计的价值判断标准。

四、多媒体学习理论

（一）双重编码理论

双重编码理论由心理学家佩沃（Paivio）于1991年提出，该理论是多媒体学习理论中的重要研究成果。双重编码理论认为，人有两个独立的储存与加工信息的认知系统，即言语系统和表象系统，这两个系统在结构和功能方面各不相同但又相互联系。

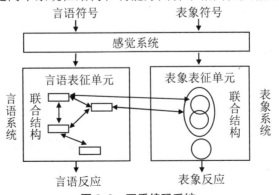

图 2-9　双重编码系统

如图 2-9 所示，言语系统储存的是言语信息，其信息单元为言语符号，以联想与层级的方式形成组织结构，只能进行连续的序列加工，且只能加工有限的信息。表象系统储存的是非言语的、物体或事件的信息，信息单元是图像映像，根据部分与整体的关系组织，它允许一个心理表象的许多成分同时加工。从加工过程来看，言语与表象系统的加工可划分为三个阶段。

第一阶段为表征阶段，指激活言语与图像表征时进行的加工，主要是自下而上的材料驱动的知觉识别和再认，这一水平的加工过程主要受到学习材料本身特征的影响。

第二阶段是联合加工阶段，指在言语系统或者图像系统内部各单元之间进行的加工过程，联合加工的一个重要影响因素是情境，学习者试图从词汇的背景中理解该词含义，或者由相关词汇引发联想形成一种情境时，即是在进行联合水平加工。

第三阶段为相关加工阶段，是指词语表征系统激活表象表征系统，或者反过来表象表征系统激活词语表征系统，并在两个系统之间构造起一条沟通通道。在一定的条件下，两个子系统也能以互补的方式共同进行信息的加工。①

（二）多媒体学习认知理论②

表 2-1　多媒体学习认知理论的三个假设

假设	描述
双通道	人们拥有单独加工视觉和听觉信息的通道
容量有限	人们在每一通道中同时加工的信息数量是有限的
主动加工	人们进行主动学习——包括注意新进入的相关信息，将所选择的信息组织到一致的心理表征和将其他知识与心理表征进行整合

基于双重编码理论、工作记忆理论、认知负荷理论和生成学习理论等理论观点，美国当代著名教育心理学家梅耶（Mayer）推演出了多媒体学习的三个假设（如表 2-1 所示）：双通道假设、容量有限假设和主动加工假设，并依此构建了多媒体学习认知模型，如图 2-10 所示。

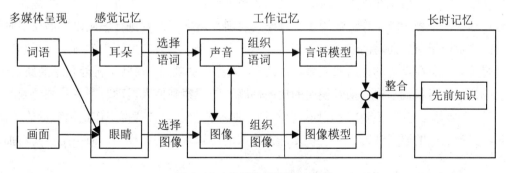

图 2-10　多媒体学习认知模型

①　赵立影. 多媒体学习中的知识反转效应研究[D]. 上海：华东师范大学，2014：8-9.
②　[美]理查德·E. 迈耶. 多媒体学习[M]. 牛勇，邱香，译. 北京：商务印书馆，2006：55-79.

　　多媒体学习认知模型图是关于人类的学习加工系统模型图，如图 2-10 所示。多媒体学习主要包括三个基本过程：选择、组织和整合。其中，选择部分包括选择相关词语和选择相关图像；组织部分包括组织所选的词语和组织所选的图像整合。

　　图中左侧的画面和词语作为多媒体呈现方式，它们来自外部世界，然后通过眼睛和耳朵进入感觉记忆。学习者在感觉记忆中选择相对重要的画面和词语作为精确的视觉表象在视觉感觉记忆（下部）保持很短的一段时间，选择相对重要的言语和其他声音作为精确的听觉表象，在听觉感觉记忆（上部）中保持很短的一段时间。在学习者完成视觉和言语材料的选择之后，就会把进入工作记忆中的信息组织成一个连贯的整体。

　　学习者对词语库重新组织会形成关于语言描述情境的言语心理模型，对图像库进行重新组织则会形成关于图像描述情境的视觉心理模型。最后，学习者需要在两类模型之间建立联系，并将言语和视觉心理模型与长时记忆中提取的相关先前知识进行整合，实现对于原有认知图式的扩充、修改或完善。

（三）认知负荷理论

　　受到资源有限理论和图式理论的影响，澳大利亚心理学家斯威勒（Sweller）于 1988 年提出了认知负荷理论（cognitive load theory）。认知负荷是指在一个特定的作业时间内施加于个体认知系统的心理活动总量（Sweller，1988）。[①]

　　认知负荷理论认为完成任何认知任务都会消耗有限的认知资源而造成认知负荷，主要是因为人的认知资源（主要体现在工作记忆的容量上）是有限的。斯威勒（Sweller）等将认知负荷分为内在认知负荷（intrinsic cognitive load）、外在认知负荷（extraneous cognitive load）和关联认知负荷（germane cognitive load）三种。[②]其中内在认知负荷主要在学习材料本身的内在性质与学习者的专业知识之间的互相作用中产生，过高或过低的内在认知负荷都不利于学习；外在认知负荷主要由信息呈现的形式和方式，以及教学活动的工作记忆要求施加，外在认知负荷对学习没有积极意义，甚至会阻碍学习；相关认知负荷主要由学习者努力地加工并理解材料所形成，相关认知负荷能够促进学习。

　　认知负荷理论基本观点有三种。一是人类长时记忆的容量是无限的，但工作记忆的容量是比较有限的，信息在进入长时记忆之前均须首先在工作记忆中进行加工；二是在日常学习过程中，须积极将工作记忆用于处理学习材料，对学习内容进行编码以存储在长时记忆中；三是若学习者面对的信息容量超出了其容量上限，则会产生无效学习。

　　有关认知负荷理论的最新研究显示：第一，人体运动效应，反映了神经科学的新发现。该效应认为，当我们独自行动时使用的皮质回路，与观察其他人运动时产生的神经回路相同。第二，集体工作效应的研究表明，合作学习能够使得学习者获得工作记忆容量的增益。第三，具身认知的研究认为，人的认知是围绕人的感知和运动进行的，而不是仅仅对抽象

---

　　① Sweller J. Cognitive load during problem solving: Effects on learning[J]. Cognitive Science, 1988, 12(2): 257-285.

　　② Sweller J, Van Merrienboer J J G, Paas F G W C. Cognitive Architecture and Instructional Design[J]. Educational Psychology Review, 1998, (10): 251-296.

符号的操作。[①]

（四）启示

多媒体学习理论对本研究的支持，主要体现在本研究的教学实验的设计、评价工具的设置等方面。

1. 实验材料应促进表象与语义的联系

双重编码理论清晰地说明了表象和语义建立联系对学习效果的促进作用。因此，在教学实验的学习材料和测试材料的设计中，应尽可能地体现出能够促进表象和语义之间建立联系的特点。

2. 实验材料设计应关注视听双通道效应

梅耶的多媒体学习理论中的学习认知模型，说明了视听双通道的独立性以及它们之间的联系。因此，在教学实验的学习材料和测试材料的设计中，应体现出双通道与单通道的区别，研究其中的交互设计效果差异。

3. 认知负荷是交互设计有效性的重要评判标准

在数字化学习过程中，恰当的认知负荷是促进学习者学习的重要前提。认知负荷理论可以帮助学习资源设计者认识和解释在数字化学习过程中的诸多现象。可以认为，在多媒体画面交互设计中，学习者的认知负荷是重要的考量因素。因此，在数字化学习资源的交互设计中，应尽可能使学习者感受到适中的内在认知负荷，同时尽可能降低外在认知负荷，提高相关认知负荷，并以此作为多媒体画面交互设计有效性的评判标准之一。

---

① Paas F, Sweller J. An Evolutionary Upgrade of Cognitive Load Theory: Using the Human Motor System and Collaboration to Support the Learning of Complex Cognitive Tasks[J]. Educational Psychology Review, 2012, 24 (1): 27-45.

第三章 多媒体画面交互设计影响因素的确定

多媒体画面交互性研究是多媒体画面语言学的分支理论研究，是关于多媒体画面支持教学交互属性的研究，也是多媒体画面支持教育传播属性的研究。因此，将教学交互层次塔理论、多媒体画面语言学理论、教育传播学理论和多媒体学习理论作为理论基础，来确定多媒体画面交互设计的影响因素。

第一节 核心概念的提出

概念的建立是对多媒体画面交互性进行深入探索的基础。任何理论都离不开概念，否则无法超越常识和直观经验。①概念既是思想的工具又是思想的材料，还是思想的结果。②核心概念是支撑理论的基本骨架。多媒体画面交互性具有丰富的内涵，要想对其进行深入的研究，则需要先建立相应的概念框架。

一、核心概念的衍生

多媒体画面的构成要素包括图、文、声、像四类媒体符号和多媒体画面交互性，即多媒体画面的五大构成要素。其中图、文、声、像这四类媒体符号属于视听类的画面要素，即能够通过视觉和听觉感受到的画面要素；而多媒体画面交互性则属于动觉类画面要素，是只有通过交互才能感受到的画面要素，这是多媒体画面交互性与其他画面要素在呈现方式上的本质区别。

此外，学习者的学习主要依赖于对学习资源中视听觉类画面要素的识别，而作为动觉类画面要素的画面交互性，在这个过程中虽然不具体参与画面的识别过程，但在学习者整个学习过程中起到衔接和促进的作用。可以认为，视听觉类画面要素构成了多媒体画面的主体，而多媒体画面交互性搭建起了整个数字化学习资源的框架。可见，多媒体画面交互性在功能上也与其他画面要素有着本质的区别。

因此，依据相关概念以及画面要素在呈现方式和功能上区别，将多媒体画面语言的研究分为两大类，这两大类具体表现在多媒体画面语言学的三个分支研究内容上。其中画面语构学的研究内容分为媒体符号间关系及相应语法规则研究，以及媒体符号的交互设计规则两类；画面语义学的研究内容分为媒体符号与教学内容的关系和相应语法规则研究，以及画面交互性与教学内容的关系及语法规则研究；画面语用学的研究内容分为媒体符号与教学环境的关系和相应语法规则研究，以及画面交互性与教学环境的关系及语法规则研究。

在如此分类之后，发现画面语构学、画面语义学和画面语用学三者所涵盖的与多媒体

---

① 杨开城. 教育学的坏理论研究之一：教育学的核心概念体系[J]. 现代远程教育研究，2013（05）：11-18.
② 石中英. 教育学研究中的概念分析[J]. 北京师范大学学报（社会科学版），2009（03）：29-38.

画面交互性内容相关的研究部分之间存在着较大差异，具体表现为：画面语构学中的多媒体画面交互性内容相关研究，即多媒体画面交互性与五大画面构成要素的关系及语法规则研究，主要研究多媒体画面交互性属性以及图、文、声、像四类媒体符号的交互性，通常表现在操作交互层面；画面语义学中的多媒体画面交互性内容相关研究，即多媒体画面交互性与教学内容的关系及语法规则研究，主要研究如何基于多媒体画面交互性更好地呈现教学内容的成分与结构，同时总结出相应的语法规则，通常表现在信息交互层面；类似地，画面语用学中的多媒体画面交互性内容相关研究，即多媒体画面交互性与教学环境的关系及语法规则研究，主要研究如何基于多媒体画面交互性使学习资源更好地适应教学环境（教师、学生和媒介），同时总结出相应的语法规则，通常也表现在信息交互层面。可见，这三部分与多媒体画面交互性有关的研究之间有着明显的区别。因此，为了能够系统且深入地对多媒体画面交互性进行研究，有必要用不同的概念来分别表达有本质区别的多媒体画面交互性的含义。

由于这三类研究分属于画面语构学、画面语义学和画面语用学，属于多媒体画面交互性在多媒体画面语言学的三个分支研究中不同类别的研究。因此，依据画面语构学、画面语义学和画面语用学的概念，从中衍生出多媒体画面语构交互性、多媒体画面语义交互性和多媒体画面语用交互性的概念（分别简称为语构交互性、语义交互性和语用交互性），用来表述这三个方面的研究。

语构交互性、语义交互性和语用交互性概念的产生，建立在多媒体画面语言学设计框架的基础之上，几乎涵盖了多媒体画面交互性的所有内涵，是多媒体画面交互性的下位概念。可以用图 3-1 来表达这三者与画面语构学、画面语义学、画面语用学之间的顺承关联，以及多媒体画面交互性的研究内容框架。

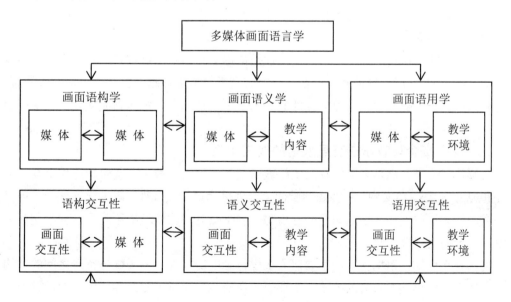

图 3-1　多媒体画面交互性研究内容的顺承关系

二、核心概念的内涵

通过上述分析，对语构交互性、语义交互性和语用交互性的概念作如下归纳。

（一）语构交互性

语构交互性是多媒体画面语构交互性的简称，是多媒体画面交互性在画面语构学领域的具体体现，主要研究多媒体画面交互性与五类画面构成要素之间的结构和关系，并以此得出多媒体画面交互设计的语法规则，即"语构交互性规则"。具体研究内容主要包括两个方面：一是多媒体画面交互性属性设计规则研究，如画面交互设计的层级、结构、类型等；二是画面交互性与媒体符号之间的融合规则研究，即媒体符号的交互设计规则研究。语构交互设计最主要的影响因素是多媒体画面交互性的基本属性和媒体符号两大类。

（二）语义交互性

语义交互性是多媒体画面语义交互性的简称，是多媒体画面交互性在画面语义学领域的具体体现，主要研究多媒体画面交互性与其所表达或传递的教学内容之间的关系及其设计规则，研究如何基于画面交互性更好地呈现教学内容的成分与结构，从中总结一些表现不同类型教学内容的规律性认识，形成"语义交互性规则"。具体而言，就是要研究多媒体画面交互性与其所表达或传递的事实性知识、概念性知识、程序性知识和元认知知识间的关系和匹配规律。教学内容是语义交互设计最主要的影响因素。

（三）语用交互性

语用交互性是多媒体画面语用交互性的简称，是多媒体画面交互性在画面语用学领域的具体体现，主要研究多媒体画面交互性与真实的教学环境之间的关系，研究如何基于画面交互性使学习资源更好地适应教学环境，总结出适合于不同教学环境特征的交互设计规律，形成"语用交互性规则"。具体而言，语用交互性的研究内容就是多媒体画面交互性与媒介、教师和学习者之间的关系和匹配规律。因此，语用交互设计最主要的影响因素是教师、学习者和媒介。

语构交互性、语义交互性和语用交互性是依据多媒体画面语言学的研究内容对多媒体画面交互性的细化分类。这种概念的细化分类有利于对多媒体画面交互性更加深入的研究。语构交互性、语义交互性和语用交互性概念的诞生，是建立多媒体画面交互性概念框架的标志。

三、核心概念与教学交互层次塔的对应关系

多媒体画面交互性是多媒体画面支持教学交互的属性，教学交互包括操作交互、信息交互和概念交互[①]。前文中，将多媒体画面交互性分为语构交互性、语义交互性和语用交互性三类，那么这些不同类别的画面交互性与"教学交互层次塔"中不同层次教学交互之间有没有一定的对应关系呢？

根据定义可知，语构交互性主要研究多媒体画面交互性与各类媒体符号之间的结构和关系，属于画面语构学研究的范畴，主要表现在对数字化学习资源界面内容的研究上。因

---

① 陈丽. 远程学习的教学交互模型和教学交互层次塔[J]. 中国远程教育，2004（05）：24-28+78.

此，语构交互性与操作交互存在一定的对应关系（如图 3-2 所示）。同理，语义交互性主要研究多媒体画面交互性与其所表达或传递的教学内容之间的关系，属于画面语义学研究的范畴，对应于数字化学习资源内容，也就对应于层次塔中的信息交互。而语用交互性属于画面语用学研究的范畴，主要研究多媒体画面交互性与真实的教学环境（教师、学习者、媒介等）之间的关系。这里的教学环境分为人文环境（教师、学习者）和物质环境（媒介）。其中，人文环境部分对应于层次塔的信息交互，而物质环境部分则对应于教学交互层次塔的媒体环境。此外，正如教学交互层次塔内部的操作交互和信息交互最终都是为了促进概念交互一样，语构交互性、语义交互性和语用交互性通过直接支持操作交互层和信息交互层，最终间接作用于层次塔中的概念交互。概念交互是多媒体画面交互性支持教学交互的终极目标。

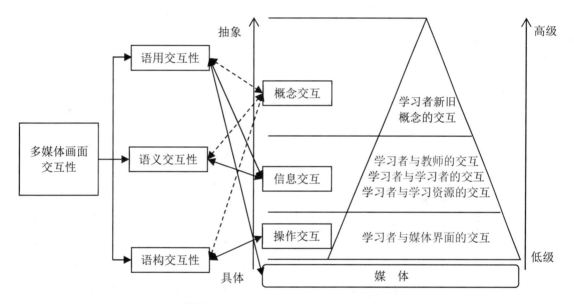

图 3-2　多媒体画面交互性与教学交互层次塔间的相互关联

可见，多媒体画面交互性对教学交互所有类型都有一定的对应关系。多媒体画面交互性与教学交互层次塔之间的这种紧密关联有以下意义。

一是这种对应关系充分体现了对多媒体画面交互性进行分类研究的价值，如此分类更能清晰地展示多媒体画面交互设计与教学交互之间的关联。

二是从教学交互的视角验证了多媒体画面交互性分类的准确性，这对后续的相关研究意义重大。只有能够支持所有常规类型教学交互的多媒体画面交互设计才有现实意义和价值。语构交互性、语义交互性和语用交互性对教学交互层次塔全覆盖式的对应关系，是从教学交互理论的角度对画面交互性分类准确性和合理性的一种肯定。

三是有助于在多媒体画面交互设计过程中，针对不同的教学交互层次进行分门别类的研究，设计目标更加明确，研究更有针对性。

四是这种对应关系体现了多媒体画面交互设计与教学交互之间融为一体的紧密关联。

多媒体画面交互设计是为了促进教学交互，这种对应关系更加体现出交互设计的严密逻辑和明确目标，直接促进操作交互和信息交互，从而间接促进概念交互。

五是这种对应关系有助于在多媒体画面交互性的研究中，借鉴教学交互层次塔中的研究分层的思想，为多媒体画面交互性的分类研究乃至构建要素模型，建立基本的理论关联。

第二节　多媒体画面交互设计影响因素的提炼

教学交互的过程是一个完整的信息传播过程，本质上属于一种教育领域的信息传播现象。因此，可以用教育传播学理论解释教学交互现象，甚至可以从教育传播学的角度来解释教学交互如何对多媒体画面交互设计产生影响，从教育传播学的角度推出如何对多媒体画面交互性进行设计，找出影响多媒体画面交互设计的影响因素。因此，对教育传播学理论的研究，有利于确定多媒体画面交互设计的影响因素。拉斯韦尔传播理论、贝罗传播理论和马莱茨克传播理论是具有一定代表性的教育传播理论，可以从不同视角为多媒体画面交互设计影响因素的提炼提供重要的支持。

一、一级影响因素的提炼

（一）多媒体画面交互性与拉斯韦尔传播模式的对应关系

利用数字化学习资源进行学习的过程就是教学内容传播的过程。其中，多媒体画面交互性的主要作用在于，支持各传播要素以数字化学习资源为"中介"的教学交互，以产生学习效果。即数字化学习过程中的四大要素（教师、学习内容、教学媒介、学习者）均需要通过数字化学习资源来实现学习目标，具体而言，就是或直接或间接地通过与数字化学习资源的交互最终促使学习者产生学习效果。如教师通过与学习资源的交互实施教学计划，学习内容将学习资源作为交互载体，教学媒介决定学习资源的交互形式，学习者通过与学习资源的交互达到学习目标。所以，教学交互过程中各信息传播要素及其构成元素对学习效果的影响，均集中体现在学习资源的设计上，通过对学习资源的不同设计，实现产生学习效果的目的。可以认为，教学交互过程中各信息传播要素及其构成元素直接决定着多媒体画面的设计方式，对多媒体画面交互设计有着重要的影响。

拉斯韦尔传播理论简明扼要地提出了传播的五大要素：传播者、信息、媒介、接收者和效果。对应于数字化学习过程的五大要素，即教师、教学内容、教学媒介、学习者和学习效果，这些传播要素对多媒体画面交互设计有重要影响，那么多媒体画面交互性与传播要素之间的关联具体是怎样体现的呢？多媒体画面交互性与拉斯韦尔的五大要素之间存在着紧密的关联，这种关联主要体现在不同类别的多媒体画面交互性与教育传播过程的五个基本要素之间的对应关系上（如图3-3所示）。

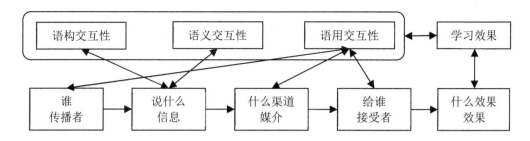

图 3-3　画面交互性与传播要素之间的对应关系

在教学信息的传播过程中，语构交互设计主要体现在媒介的交互界面上。因此，语构交互性与传播五要素中的"信息"存在一定的对应关系，准确地说，是与表达信息内容的有意义"符号"对应，如文字、图像等；语义交互性主要体现在与教学内容之间的关系上，因此语义交互与传播要素中的"信息"内容存在对应关系；而语用交互性主要表现在教师、学习者和作为物理载体的媒介之间的关系上，因此语用交互与传播五要素中的"传播者""媒介""接受者"存在对应关系，这三者是语用交互设计的最主要的影响因素；传播要素中的"效果"具体体现在语构交互、语义交互和语用交互三者所要达到的最终目标"学习效果"上。图 3-3 清晰地展示了五大传播要素与语构交互性、语义交互性和语用交互性三者之间的交互影响关系。通过前文的论述，我们可以得出以下推论。

（二）推论

多媒体画面交互设计的四大影响要素为：教师、学习内容、教学媒介、学习者。从数字化学习资源的设计角度看，多媒体画面是衔接整个学习过程（教学信息传播过程）的关键环节，"教师"及"学习内容"通过多媒体画面对"学习者"产生影响（学习效果），而"学习者"和"教学媒介"亦通过"学习效果"检验之后的反馈对多媒体画面的设计产生作用。因此，"教师""学习内容""教学媒介""学习者"均是画面交互设计的影响因素。画面交互性与传播要素的对应关系也充分说明了这一点。

学习效果是多媒体画面交互设计有效性的集中体现，是检验多媒体画面交互设计的关键因素。"效果"是"信息"在"传播者""媒介"和"接受者"等影响因素综合作用下的最终体现，同时也是信息传播的社会价值和意义所在。在数字化学习中，"学习效果"则是教学过程中"学习内容"在"教师""教学媒介"和"学习者"等综合作用下的集中体现，也是检验包括交互设计在内的数字化学习资料有效性最主要的标准。因此可以说，"学习效果"是多媒体画面交互设计有效性的集中体现，也是生成和再次检验"交互规则"有效性的关键指标。

二、影响因素构成成分的提炼

（一）多媒体画面交互性与贝罗传播模式的对应关系

贝罗传播理论常被用来解释教育传播过程，比较适合用于研究和解释教学传播系统的要素与结构。贝罗模式给教育传播研究提供了一些结构性因素的考虑，对研究变量的设计和决定具有一定的指导意义。因此可以通过贝罗模式来分析多媒体画面交互设计中多元化多层次的影响因素。

与"5W"模式类似，从多媒体画面交互设计的角度看，贝罗模式中信息源、信息、通道和受播者四大要素也与不同层面的多媒体画面交互性也存在一定的对应关系（如图 3-4 所示）。其中，"信息源"与"受播者"属于信息传播的起点与归宿，"通道"指传播信息的各种工具，这三者均对应于多媒体画面交互设计中的"语用交互性"；作为传播内容的"信息"包括"内容"（含"成分"和"结构"）"处理"和"符号"，其中"信息"中的"符号"（语言、文字、图像与音乐等）对应于"语构交互性""信息"中的"内容"和"处理"则对应于"语义交互性"。

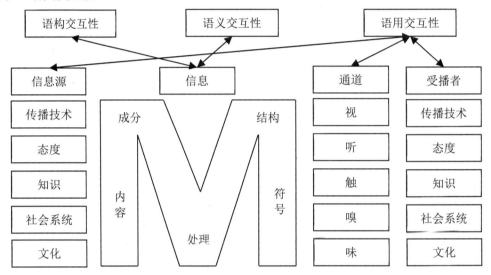

图 3-4　多媒体画面交互性与贝罗模式的相互关联

（二）多媒体画面交互性影响因素的构成

通过研究可以发现，"5W"模式五大要素中，除了"效果"外的"传播者""信息""媒介""接受者"与贝罗模式中的"信息源""信息""通道""受播着"存在一一对应的关系（如图 3-5 所示），且不同传播模式对应要素的内涵基本一致。因此，如果说在前文中通过对"5W"模式的分析获得了多媒体画面交互设计的关键影响因素（教师、教学内容、教学媒介、学习者和学习效果），那么通过对贝罗模式的分析，则可以进一步获得多媒体画面交互性影响因素的构成元素。

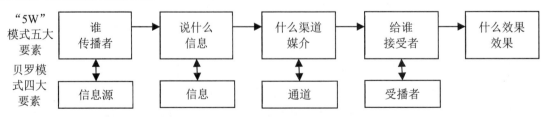

图 3-5　"5W"模式与贝罗模式要素的对应关系

贝罗模式中的四大要素分别对应于数字化学习过程的"教师""学习内容""教学媒介"

和"学习者"。因此，在数字化教与学的过程中，对最终学习效果的影响具体体现在影响上述四大要素的构成元素当中。即"传播技术""态度""知识""社会系统"和"文化"是影响"教师"的变量；"符号""内容"和"处理"是影响"学习内容"的变量，其中"内容"包括"成分"和"结构"；影响"教学媒介"因素有"视""听""触""嗅"和"味"；影响"学习者"要素同"教师"的影响变量，由"传播技术""态度""知识""社会系统"和"文化"构成。

学习资源是衔接整个学习过程的中间环节，多媒体画面是数字化学习资源的具体表现形式，"教师"及"学习内容"通过设计成型的学习资源对"学习者"产生影响，而"学习者"和"教学媒介"亦通过反馈对"学习资源"产生作用。因此，从多媒体画面交互设计角度看，贝罗模式中各影响因素及其构成元素均对多媒体画面交互设计有重要影响，多媒体画面交互性与传播要素的对应关系也充分说明了这一点。因此，我们可以得到以下推论。

（三）推论

多媒体画面交互设计的关键影响因素有："教师""学习内容""教学媒介"和"学习者"，每项关键影响因素的构成成分如下。

教师：传播技术、态度、知识、社会系统和文化。

教学内容：符号、内容（成分、结构）和处理。

教学媒介：视、听、触、嗅和味。

学习者：传播技术、态度、知识、社会系统和文化。

三、影响因素系统化构成成分的提炼

（一）多媒体画面交互性与马莱茨克模式的对应关系

马莱茨克的大众传播过程模式在不同层面描述了大众传播的要素及其影响因素，以及各要素之间的关联，尤其是详细列举了"传播者（C）"与"受者（R）"的影响因素。数字化学习过程是知识在广大远程学习者中传播的过程，是大众传播的情形之一。因此，可以用马莱茨克的大众传播过程模式来理解数字化学习过程，并以此来指导包括交互设计在内的数字化学习资源设计研究。

从前文中理论基础部分可知，马莱茨克的大众传播过程模式从微观、中观、宏观的视角分别描述了影响和制约"传播者（C）"主要因素的三个层面：个人层面、组织层面和社会层面。在数字化教学领域，"传播者（C）"就是"教师"，影响和制约"教师"的三个层面也主要是教师本人及其所处的组织环境和社会大环境，即教师个人层面、教育组织层面和社会层面。相应地，三个层面所包含的内容分别为，教师个人层面包括"自我印象"和"人格结构"，教育组织层面包括"教师群体"和"所处教育组织"，社会层面包括"社会环境"和"来自公众（主要是学习者）的压力或制约"。

类似地，马莱茨克的大众传播过程模式从微观、中观、宏观的视角分别描述了影响和制约"受者（R）"主要因素的三个层面：个人层面、组织层面和社会层面。数字化教学领域的"受者（R）"主要是远程学习者，个人层面包括"自我印象"和"人格结构"，组织层面为所在的教育组织，社会层面即所处的社会环境。此外，"教师"通过选择和加工对"教学内容（信息）"产生影响；"学习者"通过对媒介的选择对"媒介"产生影响。

因此，可以认为马莱茨克中各要素及其构成成分是多媒体画面交互设计最主要的影响因素，这是因为，一是语构交互性、语义交互性和语用交互性与传播四大要素（传播者、信息、媒介和受者）存在一定的对应关系（见上一节）；二是多媒体画面的设计是数字化学习内容传播系统中各要素及其影响因素、相互关系的集中体现，这个教学传播系统中的所有要素及其构成元素，若要对学习结果产生影响，就必须在学习资源的设计中有所体现。因此，教育教学传播系统中的各要素及其影响因素、相互关系是学习资源设计过程中最关键的影响因素，直接决定着学习资源中多媒体画面交互设计。由此，我们可以得出以下推论。

（二）推论

多媒体画面交互设计的影响因素有："教师""学习内容""教学媒介"和"学习者"，每项影响因素的构成如下。

教师：自我印象、人格结构、教师群体、教育组织、社会环境、来自公众的压力和制约，以及媒介的压力或制约、学习者的自发反馈、教学内容本身的制约、学习者对教师的印象等。

学习内容：教师对教学内容的选择和加工等。

教学媒介：学习者对媒介内容的选择、学习者对媒介的印象等。

学习者：自我印象、人格结构、教育组织、社会环境，以及教学内容的效果或体验、媒介的压力或制约、教师对学习者的印象等。

第三节　影响因素的确定

前文中，从多媒体画面语言学理论中衍生出语构交互性、语义交互性和语用交互性三个概念，并从概念中初步分析出了多媒体画面交互性研究的影响因素：多媒体画面交互性的基本属性、媒体符号、教学内容、教师、学习者和媒介。为了检验各影响因素的合理性，同时得出各影响因素的构成元素，基于教育传播学理论，从教育信息传播的角度提炼出了各类多媒体画面交互设计的影响因素及其构成元素。其中，通过拉斯韦尔传播模式，提炼出了多媒体画面交互性研究的四类影响因素，即教师、学习内容、媒介、学习者，以及检验多媒体画面交互设计有效性的关键影响因素，即学习效果；从贝罗传播模式中提炼出了多媒体画面交互性研究的四类影响因素的构成元素；通过马莱茨克传播模式，得出了多媒体画面交互设计影响因素的系统化构成元素。

多媒体画面交互性影响因素及其构成要素的得出，极大地丰富了我们的研究视野，使得对多媒体画面交互性的深入研究成为可能。影响因素及其构成元素的确定，将对后续的研究有着重要的影响。因此，基于研究严谨性的考量，需要依据相关理论及研究的需要，再次经过严密的论证，来最终确定多媒体画面交互性影响因素及其构成元素。

一、语构交互设计的影响因素及其构成

前文通过语构交互性的概念得出语构交互设计的影响因素为：多媒体画面交互性的属性、媒体符号。同时，在基于三种教育传播理论对语构交互设计影响因素的提炼中，得出的共同结论为：语构交互设计的影响因素为媒体符号。那么多媒体画面交互性的基本属性到底属不属于语构交互设计的影响因素呢？很显然，多媒体画面语构交互性，不仅体现在媒体符号的交互性上，同样也体现在多媒体画面交互性类型、层级、坐标、结构等基本属性上。

表 3-1　语构交互设计的影响因素及其主要构成元素

交互性类型	影响因素	构成元素
语构交互性	媒体符号	图（图形、图像）、文（数字化文本）、声（解说、背景音乐、音响效果）、像（动画、视频）
	交互性属性	类型、层级、防错功能、坐标、结构、区域大小、区域颜色等

此外，这些画面交互性的属性也并非完全没有在传播模式中体现出来。由于多媒体画面交互性的属性大多是通过媒体符号表现出来的，因此，多媒体画面交互性的属性在传播模式中大多隐含在承载"信息"的"媒体符号"当中。由此，我们可以得出结论：语构交互设计最主要的影响因素是多媒体画面的交互性属性和媒体符号两大类（如表 3-1 所示）。其中媒体符号主要是指图片（图形、图像）、文本（数字化文本）、声音（解说、背景音乐、音响效果）、影像（动画、视频），简称为图、文、声、像；[①]画面交互性的属性主要包括类型、层级、防错功能、位置坐标、结构、区域大小、区域颜色等。[②]

二、语义交互设计的影响因素及其构成

前文通过语义交互性的概念得出语义交互设计的影响因素为"教学内容"。在基于教育传播理论对语义交互设计影响因素的提炼中，我们得出以下结论：一是从拉斯韦尔传播模式的视角看，语义交互设计的影响因素为信息的内容，即教学内容；二是从贝罗传播模式的视角看，语义交互设计的影响因素为信息的内容（成分、结构）和处理，即教学内容的成分与结构和教师对教学内容的"分析处理"；三是从马莱茨克传播模式中得出结论为，语义交互设计的影响因素为"M"（信息）的内容以及传者对"内容的选择与加工"，即教学内容以及教师对教学内容的"分析处理"。

从上述多处论证结论中可以看出，部分证结论结果是：语义交互设计的影响因素为"教学内容"。另一部分的论证结果为：语义交互设计的影响因素为"教学内容"和教师对教学内容的"分析处理"。后两项的结果比前两项的结果多一项，即教师对教学内容的"分析处理"，那么这项能否作为语义交互设计的影响因素呢？答案是肯定的，因为教学内容虽然由不同的成分与结构组成，但决定这些成分与结构的却恰恰是教师对教学内容的选择与加工，即教师对教学内容的"分析处理"方式。因此，语义交互设计最主要的影响因素是"教学

---

① 王志军，王雪. 多媒体画面语言学理论体系的构建研究[J]. 中国电化教育，2015（07）：42-48.

② 王志军，吴向文，冯小燕，温小勇. 基于大数据的多媒体画面语言研究[J]. 电化教育研究，2017（04）：59-65.

内容"和"分析处理"，其中"教学内容"主要包括事实性知识、概念性知识、程序性知识和元认知知识及其结构，[①]"分析处理"是指教师对学习内容的选择和加工（如表 3-2 所示）。

表 3-2　语义交互设计的影响因素及其主要构成元素

交互性类型	影响因素	构成元素
语义交互性	教学内容	事实性知识、概念性知识、程序性知识和元认知知识及其结构
	分析处理	教师对学习内容的选择和加工

三、语用交互设计的影响因素及其构成

通过前文语用交互性的概念得出语用交互设计的影响因素为：教师、学习者和媒介。在基于教育传播理论对语用交互设计影响因素的提炼中得出以下结论：一是从拉斯韦尔传播模式的视角看，语用交互设计的影响因素为"传播者""媒介"和"接受者"，即"教师""媒介"和"学习者"；二是从贝罗传播模式的视角看，语用交互设计的影响因素为"信息源""通道"和"受播者"，即"教师""媒介"和"学习者"；三是从马莱茨克传播模式中也得出较为系统的结论，即"传播者（C）""媒介""受者（R）"，即"教师""媒介"和"学习者"。从上述多个论证结论较为一致的表明：语用交互设计的影响因素为"教师""媒介"和"学习者"。

虽然可以明确地确定语用交互设计的影响因素，但关于各影响因素的构成元素，则有不同的结论。尤其是从马莱茨克传播模式中得出了系统性的影响因素的构成元素，且与贝罗传播模式中得出的结论有所不同。那么，在上述众多影响因素的构成元素中，如何分清主次，如何进行甄别和选择？尤其是如何确定"学习者"影响因素自身的构成元素？

郭庆光认为，传播对象自身的属性对传播效果有重要的制约作用。传播对象的属性通常包含以下几个方面：一是性别、年龄、文化程度、职业等人口统计学上的属性；二是人际传播网络；三是群体归属关系和群体规范；四是人格、性格特点；五是个人过去的经验和经历等。[②]郭庆光的看法对确定"学习者"影响因素的构成元素有一定的启发。

这里依据多媒体画面交互设计研究的现实需求，从前文分析结论以及郭庆光等学者的观点中，对语用交互性影响因素的构成元素进行归纳（如表 3-3 所示）。

表 3-3　语用交互设计的影响因素及其主要构成元素

交互性类型	影响因素	构成元素
语用交互性	教师	人格结构、传播技术、态度、性别、年龄、文化程度、对媒介的熟练程度、学习者的自发反馈、学习内容本身的制约等
	学习者	人格结构、态度、性别、年龄、文化程度、职业、学习体验、对媒介的熟练程度等
	媒介	信息化设备、网络、信息通道

---

① 王志军，王雪. 多媒体画面语言学理论体系的构建研究[J]. 中国电化教育，2015（07）：42-48.
② 郭庆光. 传播学教程（第二版）[M]. 北京：中国人民大学出版社，2011：189.

第四章　多媒体画面交互设计要素模型的构建

多媒体画面交互设计要素模型的构建，能够将繁复的内容及逻辑用简明的图表呈现出来，使研究思路更加清晰、研究内容一目了然。本章在前期研究的基础上，基于多媒体画面语言学理论，推演出了语构交互性、语义交互性和语用交互性三个核心概念，基于教育传播学等理论，提炼出了关于这三者的影响因素及其构成元素，并以此为基础构建了"多媒体画面交互设计要素模型"。要素模型清晰地展示多媒体画面交互设计研究的结构和内容，为后续研究指明了方向。

第一节　构建多媒体画面交互设计要素模型的逻辑与初步构想

本节的主要内容是基于相关理论和论证构建"多媒体画面交互设计要素模型"，但在构建要素模型之前，首先对要素模型的构建逻辑进行梳理。

一、研究模型的构建逻辑

逻辑是对思维过程的抽象，对设计逻辑的归纳与总结有利于把握研究的主旨，也有利于读者快速了解设计要素之间、设计要素与理论作用之间的关联。在前文中，我们基于多媒体画面语言学衍生了三个核心概念，即语构交互性、语义交互性和语用交互性，并基于教育传播学理论，对三个核心概念的影响因素以及影响因素的构成元素进行了提炼，之后对这些提炼出来的影响因素和构成元素再次进行了论证。本部分将对这些前期研究综合起来之后所体现出来的逻辑关系和理论作用关系进行梳理。

本研究依据多媒体画面语言学理论框架以及多媒体画面交互性的内涵，推演出三个代表多媒体画面不同层次交互性的概念——语构交互性、语义交互性和语用交互性，并依据概念初步提出了多媒体画面交互性的影响因素。将多媒体画面交互性分为语构交互性、语义交互性和语用交互性，是语言学视角下对多媒体画面交互性的一种新的分类，是对多媒体画面语言学理论的补充与发展。我们将基于这种新的分类框架，展开数字化学习中多媒体画面交互性的研究。

教学交互的过程是一个完整的信息传播过程，因此，可以用教育传播理论解释教学交互现象，依托教育传播学理论提炼多媒体画面交互设计的影响因素及其构成元素，从拉斯韦尔传播模式中提炼了多媒体画面交互性的影响因素。仅有宏观的影响因素还不足以对多媒体画面交互性进行深入研究，因为每个影响因素也都具有丰富的内涵，有必要对其构成进行探究。因此，从贝罗传播模式中提炼出了多媒体画面交互性影响因素的构成元素，从马莱茨克传播模式中进一步提炼出了多媒体画面交互性影响因素的系统化构成元素。

对多媒体画面交互性的影响因素及其构成元素的提炼，使我们得到了系统化的分析结果。基于研究现状，依据多媒体画面交互设计研究的现实需求，结合郭庆光等学者的观点，对系统化的分析结果进行了归纳，最终分别确定了语构交互性、语义交互性和语构交互设计的影响因素，以及这些影响因素的构成元素（如图4-1所示）。

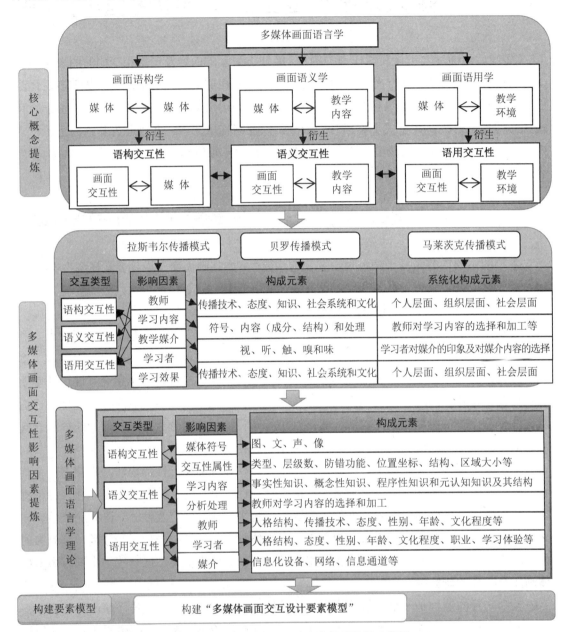

图 4-1　多媒体画面交互设计要素模型的构建逻辑

二、要素模型的初步构想

根据前文文献综述所得结论可知，目前的多媒体画面交互性研究比较零散，缺乏系统性研究，究其根本原因是缺乏专门的研究理论和理论设计框架。本研究旨在构建多媒体画面交互设计要素模型，并清晰地展示多媒体画面交互性研究的结构和内容，以期在此理论框架范围内的选择部分内容进行教学实验，通过教学实验数据的分析，概括出部分多媒体画面交互设计规则，以指导多媒体画面交互设计。

要素模型的构建能够将繁复的内容及逻辑用简明的图表呈现出来，使读者一目了然，加深读者的理解和印象。正如"教学交互层次塔""贝罗传播模式"等的构建一般，便产生了这样的效果。多媒体画面交互性研究内容繁多、内涵丰富，若能将其中的研究内容和逻辑用要素模型呈现出来，则非常有利于后续研究的开展。以要素模型的形式构建出多媒体画面交互设计研究的理论框架，符合前期研究的设想，也符合后续研究的现实需求。

陈丽的"教学交互层次塔"依据抽象程度将教学交互分为操作交互、信息交互和概念交互，充分体现出了研究分层的思想。教学交互分层思想是研究者建构教学交互理论模型揭示教学交互特征与规律的重要思想。[①]对研究内容按照其属性的不同进行分类，有利于揭示研究内容的本质，深化研究者对研究内容的认识，从而进行系统性研究。多媒体画面交互性是一个内涵丰富的概念，前期研究将多媒体画面交互性进行分类的做法，便是研究分类细化的体现。同时，对语构交互性、语义交互性和语用交互性影响要素的提炼，更是有利于抓住问题的关键，从而有利于简化复杂内容，有利于要素模型的构建。

第二节 多媒体画面交互设计要素模型的构建

一、模型的构建

根据上一节的分析，将多媒体画面交互设计分为语构交互设计、语义交互设计和语用交互设计三层，每一层均有其自身的影响因素，即语义交互性层包括教学内容，语用交互性层包括教师、学习者和媒介，语构交互性层包括多媒体画面交互性的基本属性（简称为"交互性属性"）和媒体符号。多媒体画面交互设计的层次及每个层次的影响因素的交织，清晰地展示出了多媒体画面交互设计研究的结构和内容，符合构建要素模型的前期构想。因此，我们以此为基础构建了"多媒体画面交互设计要素模型"，如图 4-2 所示。

多媒体画面交互设计要素模型是一种理论模式，该模型阐述了数字化学习环境中多媒体画面三层交互性研究的研究结构、内容、影响因素以及各层之间的关系。如图 4-2 所示，多媒体画面交互设计共分为三层：语义交互设计层、语用交互设计层和语构交互设计层。每层包含该层研究的主要影响因素：语义交互性主要影响因素为"学习内容"和"分析处理"（教师对学习内容的分析处理）；语用交互性的主要影响因素为"媒介""教师"和"学习者"；语构交互性的主要影响因素为多媒体画面的"交互性属性"和"媒体符号"。多媒体画面交互设计要素模型中的三个层面，主要功能分别为围绕多媒体画面交互性的信息架构、功能架构以及视觉表征，三层之间存在自下而上的递进关系；从语义交互设计层到语构交互设计层的递进过程，也是一个设计者的想法一步步接近使用者的最佳设计的过程；三层之间的虚线和箭头，代表三层之间相互影响、相互融合以及平衡共进的关系。

---

① 王志军，陈丽. 联通主义学习的教学交互理论模型建构研究[J]. 开放教育研究，2015（05）：25-34.

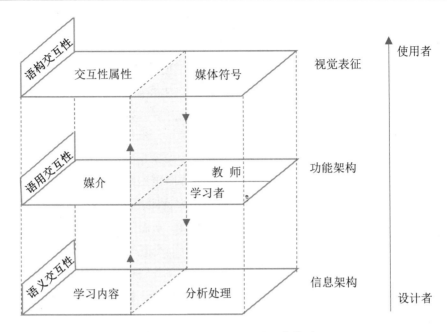

图 4-2　多媒体画面交互设计要素模型

二、研究模型内涵的阐释

（一）语义交互设计层

语义交互设计层，主要研究多媒体画面交互性与其所表达或传递的教学内容之间的关系，研究如何基于画面交互性更好地呈现教学内容的成分与结构，总结出表现不同类型教学内容的规律性认识。

1. 功能

语义交互设计层在整个多媒体画面交互设计中，最主要的功能是围绕数字化学习资源的核心信息——学习内容，进行信息架构设计。具体而言，就是要处理好不同知识点之间的逻辑关系，研究不同知识类型的信息架构方式和表征方式，做好信息基础处理工作，便于学习者与学习资源交互时调用信息，并尽可能地以能够提升学习效果的方式呈现出来。

学习内容是数字化学习资源设计的核心信息，所有数字化学习资源制作、多媒体画面交互设计，均围绕着学习内容来进行。因此，数字化学习资源的设计与开发，应首先从学习内容着手，所以语义交互设计层位于多媒体画面交互设计要素模型的最底层。

2. 影响因素

语义交互性的主要影响因素包括学习内容和分析处理。

（1）学习内容

这里的学习内容主要指事实性知识、概念性知识、程序性知识和元认知知识四大知识类型，[①]以及这四大知识类型的结构。在具体的多媒体画面交互性的研究中，关于"学习内容"需要考虑如下问题：针对不同类型知识，多媒体画面交互设计有何差异？多媒体画面

---

① 王志军，王雪. 多媒体画面语言学理论体系的构建研究[J]. 中国电化教育，2015（07）：42-48.

交互性如何设计才能充分体现不同类型知识的结构，达到较好的学习效果？多媒体画面交互性的基本属性与知识类型之间有何关联？

（2）分析处理

这里的分析处理是"教师"为了便于上两层的交互设计，而对不同知识类型进行结构化的处理，建立学习内容之间的逻辑关系、结构关系和信息关系的过程。这里的"教师"不仅是指数字化学习过程中的教师，还包括数字化学习资源制作过程中的技术人员、管理人员等。在数字化学习中，"教师"对学习内容的分析处理集中体现在"教师"对数字化学习材料的不同设置上，教师对相同学习材料的不同设置会在一定程度上影响学习者的学习效果。[1][2]因此，分析处理是语义交互设计中非常重要的影响因素。

（二）语用交互设计层

语用交互设计层主要研究多媒体画面交互性与真实的教学环境之间的关系，研究如何基于画面交互性使学习资源更好地适应教学环境，总结出适合于不同教学环境特征的交互设计规律。语用交互设计最主要的影响因素是教师、学习者和媒介。

1. 功能

语用交互设计层的主要功能在于，在一定的学习内容基础上，通过媒介、教师和学习者这些因素的充分影响，进行相关信息的功能架构设计。语用交互设计层是连接信息（学习内容）与多媒体画面（语构交互设计层）的中间环节。在数字化学习资源交互设计过程中，语用交互设计建立在学习内容的完整表征和架构之上，即建立在语义交互设计的基础之上，同时语用交互设计也是语构交互设计的前提和基础。因此，语用交互设计层位于语义交互设计层与语构交互设计层之间，起着桥梁式的衔接作用。

语用交互设计层的功能架构设计，主要体现在在一定影响因子的影响下，基于对一定数量学习者在教学交互中所表现出的规律性特征的概括，所进行的多媒体画面交互性功能的宏观设计。如在"年龄"影响因子的影响下，一定数量的学习者通过对数字化学习资源的交互控制，在学习过程中所表现出的规律性特征，后对这些规律性特征进行概括，并基于这种新的认知而对多媒体画面交互功能进行设计。在第四章中所进行的教学实验，便是基于如此逻辑选择了与此相关的学习者交互控制、反馈等内容进行教学实验，以最终得出相应的语用交互设计规则。这些设计规则便是所谓的规律性特征的概括，是指导语用交互设计层进行功能架构的具体内容。

2. 影响因素

语用交互设计最主要的影响因素有教师、学习者和媒介。

（1）教师

数字化学习中的教师包括远程授课人员、数字化学习资源的制作人员和管理人员等。教师的构成要素包括人格结构、传播技术、态度、性别、年龄、文化程度、对媒介的熟练

---

① 王雪，周围，王志军. 教学视频中交互控制促进有意义学习的实验研究[J]. 远程教育杂志，2018（01）：97-105.

② 刘哲雨，王志军. 行为投入影响深度学习的实证探究——以虚拟现实（VR）环境下的视频学习为例[J]. 远程教育杂志，2017（01）：72-81.

程度、学习者的自发反馈、学习内容本身的制约等。这些要素都会或多或少地在不同层面上影响数字化学习效果。

（2）学习者

学习者主要是指数字化学习中的学习者，学习者的构成要素包括人格结构、态度、性别、年龄、文化程度、职业、学习体验、对媒介的熟练程度等，这些构成要素都会在一定程度上影响学习者的学习。以"年龄"这个构成要素为例，不同年龄的学习者具有不同的知识储备、阅历经验和认知能力，这些差异往往会造成不同年龄学习特征和学习效果的较大差异。[①]因此，多媒体画面交互设计首先应考虑用户年龄等因素对学习效果的影响。

（3）媒介

这里的媒介主要是指教学系统中的媒介，是指存储和传递信息的物理载体。[②]媒介的主要构成元素包括信息化设备、网络、信息通道等。在多媒体画面交互设计中，关于"媒介"的研究具有重要的意义。相同的学习对象分别使用台式电脑和手机对相同学习内容进行学习，通常情况下学习效果会显示出差异。[③]"信息化设备"的不同往往往会造成学习效果的差异。

（三）语构交互设计层

语构交互设计层主要研究多媒体画面交互性与媒体五大画面要素之间的结构和关系，以及相应的语法规则。研究内容具体包括：多媒体画面交互性属性设计规则和画面交互性与媒体符号之间的融合规则。

1. 功能

语构交互设计层的功能是在一定的学习环境中，研究学习内容在多媒体画面中的视觉表征方法，即研究学习内容在特定的学习环境中，基于图、文、声、像、交互性五类画面符号的视觉表征方法。在数字化学习资源交互设计中，语用交互设计是语构交互设计的基础和前提，因此，语构交互设计层位于"多媒体画面交互设计要素模型"中的最上一层，也是最后一层。

2. 影响因素

语构交互设计最主要的影响因素是媒体符号和多媒体画面交互性的基本属性两大类。

（1）媒体符号

媒体符号是指图、文、声、像四类多媒体画面构成要素，其中图即图片，包括绘制的图形和静止的图像；文是指文本包括多媒体学习资源中出现的各类数字化文本；声即声音包括解说、背景音乐和音响效果；像是指运动的图片，包括动画和视频。[④]媒体符号的交互性是媒体符号支持教学交互的属性，具体表现为图、文、声、像不同的画面构成要素的交互性，如视频的暂停、播放、快进、快退等功能便是视频支持教学交互的交互性体现。

① 王雪，王志军，付婷婷. 交互方式对数字化学习效果影响的实验研究[J]. 电化教育研究，2017（07）：98-103.
② 王志军，王雪. 多媒体画面语言学理论体系的构建研究[J]. 中国电化教育，2015（07）：42-48.
③ 王雪，王志军，付婷婷. 交互方式对数字化学习效果影响的实验研究[J]. 电化教育研究，2017（07）：98-103.
④ 王志军，王雪. 多媒体画面语言学理论体系的构建研究[J]. 中国电化教育，2015（07）：42-48.

（2）交互性属性

多媒体画面交互性的属性是指如类型、层级、结构等多媒体画面交互性的本质属性，主要用来描述多媒体画面交互性的特征，是多媒体画面交互性中最基本的内容，属于画面语构学的研究范畴。

（四）各层之间的关系

语构交互设计层、语义交互设计层和语用交互设计层三层之间具有宏观上自下而上递进、微观上各层独立设计以及相互影响、相互融合、平衡共进的特点。

1. 自下而上递进

如图4-2所示，"多媒体画面交互设计要素模型"中的三个层面，主要功能分别为围绕多媒体画面交互性的信息架构、功能架构和视觉表征。在数字化学习资源交互设计的宏观视角下，"多媒体画面交互设计要素模型"中的三个多媒体画面交互设计层之间存在自下而上的递进关系，即信息架构是功能架构的基础和前提，功能架构同样是视觉表征的基础和前提。

在数字化学习资源交互性的宏观设计中，所有的工作均围绕"学习内容"展开，在明确了学习内容的结构体系、表征方式、匹配规律等之后，便有了进行信息架构的基础。也只有在一定的信息架构的基础上，才能进行下一步的功能架构，即语用交互设计层设计。在语用交互设计层的功能架构中，充分体现出学习资源在不同媒介环境下与用户的交互功能与交互形式，是数字化学习资源交互性功能架构的核心设计部分，这部分工作完全建立在语义交互设计层的基础之上。

在语用交互设计层的功能架构设计完成之后，便进入了数字化学习资源交互设计的视觉表征设计层，即语构交互设计层。语构交互设计是在数字化学习资源交互性功能架构的基础上，依据图、文、声、像、交五大画面构成要素与多媒体画面交互性之间的匹配关联，进行相应的视觉表征方法的设计，是数字化学习资源交互设计的最后一步。可见，"多媒体画面交互设计要素模型"中的三层多媒体画面交互设计之间存在着自下而上的递进关系。这种从下向上的递进关系也是一个数字化学习资源，从设计者的想法一步步接近使用者的最佳设计的过程。

2. 各层独立设计

数字化学习资源中的学习内容由若干知识点或者知识点的组合构成。在关于知识点及其组合的多媒体画面交互设计中，语义交互设计层、语用交互设计层和语构交互设计层三者可以进行相对独立的设计。原因是微观的知识点及其组合无须进行复杂的信息架构，只须确定设计对象——学习内容，便可以直接进行语用交互设计。同理，只要确定了研究对象、媒介或用户特征，便可以进行下一层的语构交互设计。这是由多媒体画面交互设计的特点决定的。下文中关于本研究中的教学实验便是基于此逻辑展开的，即首先确定了学习内容，然后便在此固定的知识点组合的基础上，进行语用交互设计层面的研究。

3. 相互融合

从图4-2可以看出，语义交互性、语用交互性和语构交互性三层之间用虚线连接，这种虚线连接的方式代表三层之间相互融合的关系。多媒体画面的交互设计被依据由下而上的递进关系分为三层，但三者的任何一层都很难独立表达一个完整的多媒体画面交互性内容，如果只从某一个层面进行设计，仅考虑一个层面的影响因素，则很难达到较好的设计效果。三者的分类更多体现了基于研究视角和研究侧重点的分类，但在本质上三者是"你中有我，我中有你"的相互融合的关系。

4. 相互影响

图 4-2 中语义交互性、语用交互性和语构交互性三层之间的部分虚线带有箭头，这种有方向指向性的箭头说明了三层之间信息的互通与反馈的特点，体现了三者之间存在循环迭代的关系。这种关系的重要价值在于能够促使三层设计之间不断互换信息，经过多轮循环迭代，使多媒体画面交互设计逐渐接近理想状态。多媒体画面交互设计中，每一个层面的最终设计都依赖于其他两层对该层不同阶段的反馈信息的影响，通过这些反馈信息来调整该层的设计。因此，这三层设计之间有循环反馈、相互影响的特点。

5. 平衡共进

总体而言，面对同一个多媒体画面交互设计问题，我们需要分别从语构交互性、语义交互性和语用交互性三个维度来思考，平衡考量这三者各自发挥的作用。只有三者都满足较高的设计要求，才能取得综合良好的效果，即三者的"合力"最大时，才能实现设计的最佳效果，这体现出了三者平衡共进的特点。

三、要素模型的价值与意义

"多媒体画面交互设计要素模型"的构建具有重要的理论价值和现实意义，具体体现在以下几个方面。

（一）丰富了多媒体画面语言学研究内容

从"多媒体画面交互设计要素模型"的构建过程可以看出，该模型是关于多媒体画面语言学五大画面要素中"交互性"要素研究的理论模式，其核心概念（语构交互性、语义交互性、语用交互性）也是从多媒体画面语言学分支理论画面语构学、画面语义学和画面语用学中衍变而来。因此，"多媒体画面交互设计要素模型"是多媒体画面语言学理论的发展，它的诞生在一定程度上丰富了多媒体画面语言学的研究内容。

（二）构建了多媒体画面交互设计研究的理论模式

从前文文献综述部分相关内容可以看出，当前的多媒体画面交互性的研究还处在初级阶段，已有的相关研究内容缺乏详尽的理论架构，该领域的研究在宏观层面上"不够聚焦"。"多媒体画面交互设计要素模型"基于多媒体画面语言学理论、教育传播学理论、教学交互理论等理论的基础上经过详细的论证构建而成，模型中确立了多媒体画面交互性的影响因素及其构成元素，是一个多媒体画面交互性研究的理论模式。该模型为多媒体画面交互性的研究提供理论模式，有利于后续研究者分门别类地进行研究，也有利于其开展系统性研究。

第五章　实验自变量与实验方案

通过前文可知，多媒体画面语言学理论是处方性的教与学资源设计理论，其研究的落脚点往往是多媒体画面某方面的设计规则，用以指导数字化学习资源的设计与开发。多媒体画面交互设计研究也不例外，本研究亦需要通过实验研究，得出多媒体画面交互设计规则。那么本次实验研究的实验自变量该如何选择？实验方案该如何设计呢？本章将解答这两个问题。

第一节　实验自变量的选择与讨论

一、实验自变量的选择

多媒体画面交互性与学习者的关系，主要体现在多媒体画面交互支持学习者的教学交互上。数字化学习中的教学交互在本质上是学习者与计算机之间的往复运动，多媒体画面交互性是多媒体画面支持人和计算机之间进行信息交流的一种属性。人和计算机的"交流"通常有以下两种情况：一是学习者主动，计算机被动；二是计算机主动，学习者被动。[①]这里所说的这两种情况便分别是学习者交互控制和计算机的反馈。

可见，学习者交互控制和计算机反馈是数字化学习中最基本的教学交互形式。只有对学习者交互控制和计算机反馈进行深入的理论分析和严谨的实验研究，才能厘清多媒体画面交互性与学习者之间的关系，才能从中概括出多媒体画面交互设计规则。因此，本研究选择学习者交互控制和计算机的反馈这两个影响因素作为自变量来设计实验。

二、实验自变量的讨论

（一）学习者交互控制

在教学实际中，学习者与学习资源的交互控制方式种类繁多。这里主要基于研究重要性及现实条件，重点探讨以下两种学习者交互控制方式：一种是常规的学习者控制，另一种是学习者控制的一种替代形式——共享控制。

1. 学习者控制

学习者控制，即在多媒体环境中，学习者可以根据个人的需要和偏好选择自己的学习活动，与系统控制对应，是学习者与多媒体学习环境进行交互的主要形式。[②]学习者控制允许学习者对包括教学的步调、任务的顺序、学习内容、信息呈现的方式和超链接等教学的

---

① 游泽清. 多媒体画面艺术设计[M]. 北京：清华大学出版社，2009：178.

② 赵立影. 多媒体学习中的知识反转效应研究[D]. 上海：华东师范大学，2014：102.

具体方面作出选择。[①]学习者控制是网络学习、多媒体和超媒体交互特征的一种体现。[②]我们依据梅耶等学者的分类，将学习者控制分为控制节奏、控制序列和控制节奏+控制序列等。其中控制节奏和控制序列分别是指学习者对学习节奏和学习材料序列的控制。

关于学习者控制的研究既有学者从正面证明了其有效性，也有学者证明其具有负面效应。其中卡罗兰（Carolan）等人对 45 篇相关研究文献进行元分析发现，学习者控制的平均效应大小近乎等于零（$g=0.02$），这种研究结论清晰地表明学习者控制对于学习效果无明显作用。其中，研究文献中的 10 篇肯定了学习者控制的积极作用，10 篇认为学习者控制对学习者的学习效果具有一定的消极作用，其他 25 篇研究认为，学习者控制无显著差异。[③]为什么会有如此多结论相悖的研究结果呢？之后，卡茨（Katz）等揭示出选择权与学习者特征相匹配的关键作用。[④]可见，学习者特征是学习者控制是否具有积极作用的关键要素。

梅耶通过大量的实验得出了学习者控制原则：应给予所有学习者以控制节奏的权限，给予经验丰富的学习者更多的控制权限。[⑤]可见控制学习节奏有利于所有学习者提升学习效果，经验丰富的学习者更善于利用对学习资源的控制权限来提升学习效果。相较而言，大学生比中小学生更具有相关经验，中学生比小学生经验更加丰富。因此通过上述分析，关于学习者控制，可以得出以下推论：学习者自主控制学习节奏有利于提升学习效果，较多自主控制权限的积极作用随学习者年龄的增大而增强。

2. 共享控制

共享控制（shared control）是学习者控制的替代形式，即学习者控制的替代方案，其他替代形式还有建议（advisement）、推荐系统（recommender system）等。共享控制是指，系统给学习者提供几个适当的选项，学习者可以选择一个或多个选项进行学习。[⑥]目前关于学习者控制的替代形式的研究同样比较少见。根据学习材料的视听特征，将共享控制分为文本、文本+音频、文本+视频和文本+音频+视频等类别，不同类别的区别在于所包含学习材料表现形式的种类不同。

双重编码理论认为，人有两个独立的储存与加工信息的认知系统，即言语系统和表象系统，这两个系统在结构和功能方面各不相同但又相互联系；多媒体学习理论认为，学习者对词语和图像的认知会分别形成关于语言描述情境的言语心理模型和关于图像描述情境的视觉心理模型。最后，学习者需要在两类模型之间建立联系，并将言语和视觉心理模型

① Corbalan G, Kester L, Merriënboer J J G V. Combining shared control with variability over surface features: Effects on transfer test performance and task involvement[J]. Computers in Human Behavior, 2009, 25 (2): 290-298.

② 龚少英，张盼盼，上官晨雨. 学习者控制和任务难度对多媒体学习的影响[J]. 心理与行为研究，2017，15（03）：335-342.

③ Carolan T F, Hutchins S D, Wickens C D, et al. Costs and Benefits of More Learner Freedom[J]. Human Factors the Journal of the Human Factors & Ergonomics Society, 2014, 56 (5): 999-1014.

④ Katz I, Assor A. When Choice Motivates and When It Does Not[J]. Educational Psychology Review, 2007, 19 (4): 429.

⑤ Clark R C, Mayer R E. E-Learning and the Science of Instruction: Proven Guidelines for Consumers and Designers of Multimedia Learning (4th Edition)[M]. John Wiley & Sons, 2016: 327.

⑥ Clark R C, Mayer R E. E-Learning and the Science of Instruction: Proven Guidelines for Consumers and Designers of Multimedia Learning (4th Edition)[M]. John Wiley & Sons, 2016: 330.

与长时记忆中提取的相关先前知识进行整合，实现对于原有认知图式的扩充、修改或完善。这些理论从理论层面说明了人们在认知过程中，对文本、音频和图像的认知分别运用了不同的认知通道，且使用多通道的认知效果优于单通道的认知效果。

因此，我们认为在这几种共享控制方式中，"文本+音频+视频"设置方式最有利于学习成绩的提高，且这种趋势随学习者年龄的增大而增强。原因是这种设置方式有利于学习者表象表征系统与言语表征系统之间建立联系，有利于学习者同时运用视听双通道来接收信息并建立联系，同时也符合梅耶的一致性原则（当语词、画面和声音相互关联，学习者学得更好），而且这种趋势随着学习者自主学习能力的增强而愈加明显。因此，通过上述分析，关于共享控制，我们可以得出以下推论："文本+音频+视频"最有利于促进学习者成绩的提高，"文本+视频"次之，且这种积极作用随学习者年龄的增大而增强。

（二）反馈

反馈，即数字化学习资源对学习者控制行为的响应，是数字化学习中最基本的教学交互形式。[①]这里重点研究教学交互中与学习者关系最紧密的两种反馈形式：内容反馈和时间反馈，即教学交互中学习资源反馈的内容和反馈的时间。

1. 内容反馈

反馈具有帮助学习者明确学习表现与学习目标之间的差距，有利于学习者的认知负担，也有利于引起学习者对问题或错误的注意，从而有效纠正错误。[②]这说明反馈主要是积极作用。但莫里（Mory）对于1965—1991年之间的20项相关研究进行总结却发现，只有一半研究支持反馈的积极作用。[③]后来有研究者揭示了反馈类型和学习者个体特征对反馈的重要影响。[④]可见，学习者特征与反馈类型是系统反馈中影响学习效果最主要的因素。

从反馈内容的角度，反馈可以分为纠正性反馈（说明答案正确与否）、答案性反馈（说明答案是什么）、解释性反馈（对于答案进行详细解释说明）。[⑤]这几种反馈形式中，梅耶的多媒体学习反馈原则认为：新手在解释反馈方面比纠正反馈更容易学习。[⑥]原因是解释性反馈所反馈的内容较全面，有助于学习者加深理解和印象，因此解释性反馈更有利于学习者提升学习效果。克拉克（Clark）等学者的结论也充分说明了这一点：解释性反馈有积极作用，中值效应为0.72。[⑦]因此，关于内容反馈我们可以得出以下推论：解释性反馈最有利于学习成绩的提高，且年龄越大这种趋势越明显。

---

① 赵立影. 多媒体学习中的知识反转效应研究[D]. 上海：华东师范大学，2014：102.

② Shute V J. Focus on formative feedback[J]. Review of educational research, 2008, 78(1): 153-189.

③ Mory E D. Feedback research revisited[J]. Handbook of research on educational communications and technology: A project of the Association for Educational Communications and Technology, 2004: 745-783.

④ Hattie J, Timperley H. The Power of Feedback[J]. Review of Educational Research, 2007, 77(5): 56. Motivates and When It Does Not[J]. Educational Psychology Review, 2007, 19(4): 429.

⑤ Shute V J. Focus on formative feedback[J]. Review of Educational Research, 2008, 78: 153-189.

⑥ Mayer R E. The Cambridge Handbook of Multimedia Learning (Second Edition)[M]. Cambridge: Cambridge University Press, 2014: 450.

⑦ Clark R C, Mayer R E. E-Learning and the Science of Instruction: Proven Guidelines for Consumers and Designers of Multimedia Learning (4th Edition)[M]. John Wiley & Sons, 2016: 275.

2. 时间反馈

时间反馈的问题，即系统响应的时间是否与学习者点击时间同步的问题。我们依据响应时间的先后以及响应按钮所在的位置，将其分为及时反馈、脚注反馈、结尾反馈。及时反馈，即系统响应时间与学习者点击时间同步；脚注反馈，即系统响应时间与学习者点击时间同步，反馈位置位于多媒体画面的脚注位置（准备进入下一个页面时进行反馈）；结尾反馈，即系统响应时间与学习者点击时间同步，反馈位置位于学习材料的结尾处（学习结束时进行反馈）。

根据梅耶的时间接近原则（相对应的语词与画面同时呈现比继时呈现能够使学习者学得更好）和空间接近原则（书页或屏幕上对应的语词与画面邻近呈现比隔开呈现可使学习者学得更好），词语和画面在时间和空间两个维度上越接近，效果越好。说明反馈前后分别展示词语和画面的反馈中，时间和空间上越接近，学习效果越好。即便反馈前后分别展示的不是词语和画面，则亦会由于时间、空间上的不同步，容易造成遗忘和干扰。因此，根据上述分析，关于时间反馈我们可以得出以下推论：及时反馈最有利于学习成绩的提高。

三、初步推论

依据前文中的讨论分析，我们在学习者控制、共享控制、内容反馈、时间反馈四个方面分别得出以下推论。

推论一：学习者自主控制学习节奏最有利于提升学习效果，较多自主控制权限的积极作用随学习者年龄的增大而增强。

推论二："文本+音频+视频"最有利于促进学习者成绩的提高，"文本 +视频"次之，且这种积极作用随学习者年龄的增大而增强。

推论三：解释性反馈最有利于学习成绩的提高，且年龄越大这种趋势越明显。

推论四：及时反馈最有利于学习成绩的提高。

第二节　实验方案整体设计

上一节得出的推论是否符合客观实际？是否对多媒体画面交互设计具有指导意义？这些问题只有通过教学实验研究的检验才能得到解答。因此，将"学习者控制""共享控制""内容反馈""时间反馈"分别作为自变量来开展实验研究，并依此设计实验方案如下。

一、研究假设

假设一：学习者自主控制学习节奏最有利于提升学习效果，较多自主控制权限的积极作用随学习者年龄的增大而增强。

假设二："文本+音频+视频"最有利于促进学习者成绩的提高，"文本+视频"次之，且这种积极作用随学习者年龄的增大而增强。

假设三：解释性反馈最有利于学习成绩的提高，且年龄越大这种趋势越明显。

假设四：及时反馈最有利于学习成绩的提高。

二、实验流程

本研究的实验工作共有三个部分：准备阶段、实施阶段、分析总结阶段。

实验准备阶段：主要工作包括收集相关研究文献、确定实验项目、提出实验假设、制作数字化实验材料、设计学习效果测试题目与评价标准、实验场所设备的检查与调试、预约实验机房、预约实验班级并排序等。

实验实施阶段：对实验班级进行分组、分发数字化实验材料、说明实验要求、开展先前知识测试、开展数字化学习、对学习效果进行测试（保持测试、迁移测试）、填写主观评定量表（学习材料感知难度评定、被试心理努力评定和学习材料的可用性评定）、回收数字化测试材料及主观评定量表等。

实验数据分析及总结阶段：利用 SPSS 软件对实验数据进行处理分析，检验实验结果是否验证假设，对实验结果进行讨论，得出多媒体画面交互设计规则，说明研究的主要结论。

三、实验架构

本研究是在"多媒体画面交互设计要素模型"框架下展开的，基于时间、人力、物力等诸多现实因素，只能对其中部分要素内容进行实验研究，最后得出部分多媒体画面交互设计规则。对要素模型中其余大部分影响因素及其构成元素的研究，将在后续的研究中展开。在具体研究内容的选择方面，基于研究的重要性、现实条件的约束等进行综合评判，最终选择了多媒体画面交互设计要素模型中的语用交互性进行研究。

通过前文关于研究内容和实验内容的分析和选择，确定开展以下四类实验：学习者控制实验、共享控制实验、结果反馈实验和时间反馈实验。实验的最终目标就是通过这四组实验来研究语构交互性中"年龄"因素对多媒体画面交互设计的影响，得出相应的设计规则。

这四类实验中，第一类实验为"学习者控制实验"，该实验主要实验目的是检验相同学习内容在不同控制方式下学习效果的差异，并依此从资源设计的角度得出数字化学习中相应的多媒体画面语用交互设计规则。依据学习者对学习资源的可控程度将实验分为四组：系统控制、控制节奏、控制序列和控制节奏+控制序列（如表 5-1 所示）。

第二类实验为"共享控制实验"。共享控制是学习者控制的一种替代形式，也是一种重要的学习者交互控制方式。共享控制不同选项的设置，代表学习者在不同情境下对学习资源的交互控制方式，通过对学习效果的测试，得出常规学习者控制的最佳替代性方案。该实验设计的基本内容为：向学习者提供几个适当的选项，学习者可以选择一个或多个选项进行学习，然后依据学习效果检验不同选项设计的差异，依此得出多媒体画面语用交互设计规则。实验依据为学习者所提供选项的数量不同分为四组：文本单选项、文本+声音双选项、文本+视频双选项和文本+声音+视频三选项。

第三类实验为"内容反馈实验"，该实验主要检验不同反馈内容下学习者学习效果的差异，并依此得出数字化学习中相应的多媒体画面语用交互设计规则。实验依据反馈内容的不同将实验分为四组：无反馈、纠正性反馈、答案性反馈和解释性反馈。

第四类实验为"时间反馈实验"，该实验主要检验不同反馈时间对学习效果的影响，并依此从资源设计的角度得出数字化学习中相应的多媒体画面语用交互设计规则。实验依据有无反馈及反馈时间差分为四组：无反馈、及时反馈、脚注反馈和结尾反馈。

上述每类实验分别针对大学生、中学生和小学生进行独立的实验，合计共 12 个实验，实验类别及分组情况如表 5-1 所示。

表 5-1　实验类别及分组

序号	实验类别	实验对象	实验分组			
			第一组	第二组	第三组	第四组
1	学习者控制实验	大学生	系统控制	控制节奏	控制序列	控制节奏+控制序列
		中学生	系统控制	控制节奏	控制序列	控制节奏+控制序列
		小学生	系统控制	控制节奏	控制序列	控制节奏+控制序列
2	共享控制实验	大学生	文本	文本+音频	文本+视频	文本+音频+视频
		中学生	文本	文本+音频	文本+视频	文本+音频+视频
		小学生	文本	文本+音频	文本+视频	文本+音频+视频
3	内容反馈实验	大学生	无反馈	纠正性反馈	答案性反馈	解释性反馈
		中学生	无反馈	纠正性反馈	答案性反馈	解释性反馈
		小学生	无反馈	纠正性反馈	答案性反馈	解释性反馈
4	时间反馈实验	大学生	无反馈	及时反馈	脚注反馈	结尾反馈
		中学生	无反馈	及时反馈	脚注反馈	结尾反馈
		小学生	无反馈	及时反馈	脚注反馈	结尾反馈

四、实验材料设计

（一）学习材料与测试材料

学习材料的确定经过了教师组初选、预实验、学习者访谈等环节最终确定。其中教师组初选的原则是根据实验对象知识背景及认知水平，在国家开放大学网络课程、中学《地理》、中学《生物》、小学《自然》中，分别选择与大学生、中学生以及高年级小学生认知能力、学识水平、知识经验相适应的生物、地理类科普知识内容作为实验内容；然后根据初选实验内容制作实验材料，并分别对大学生、中学生和小学生进行预实验，通过对预实验结果的分析以及预实验后对学生的访谈，最终确定了共计 12 项实验中的学习材料（详见下文各实验中的"实验材料"）。

实验测试题目（含先前知识问卷、保持测试题和迁移测试题）的设计均由相关专业教师编制，并依据预实验环节的测试结果进行再次筛选后最终确定（详见下文各实验中的"实验材料"）。

（二）认知负荷主观评定题目

为评判多媒体画面交互设计的有效性，将学习者学习过程中的认知负荷作为重要的衡量指标，并运用主观测量法来对学习过程中的认知负荷进行测量。[①]主观测量法是根据学习者在学习过程中产生的主观感受与体验来评估认知负荷的方法。主观测量法具有直接、简单且实用的特点，据统计，在以往有影响的相关研究中，有 92.3%的研究都采用该方法来测量学习者的认知负荷水平。[②]可见，运用主观测量法对认知负荷进行测量的做法具有广泛的应用基础。

认知负荷包括内在认知负荷、外在认知负荷和相关认知负荷。[③]心理负荷、心智努力和绩效通常被用作评定学习者认知负荷的维度。外在认知负荷以绩效作为衡量手段，内在认知负荷以心智努力作为衡量手段，心理负荷则可以考察相关认知负荷水平的程度，[④]不同的维度通常对于不同的认知负荷敏感。

关于外在认知负荷的测量可以采用双任务范式测量绩效，以达到判断外在认知负荷的目的。[⑤]赵立影通过实验对外在认知负荷的双任务测量范式进行了研究，采用客观次级任务与主观的可用性评定研究，结果显示：一方面在被试在不同学习任务中所产生的认知负荷差异的测量中，可用性评定结果比较接近学习者外在认知负荷的实际差异；另一方面可用性主观评定指标与次级任务客观测量指标结果之间，得到了相互验证。[⑥]可见，学习材料的可用性主观评定可以作为学习者外在认知的测量指标。

在内在认知负荷和相关认知负荷的测量方面，用得最多的主观测量量表莫过于帕斯（Paas）等于 1993 年设计的量表（PAAS 量表），采用类似于"你认为刚才学习的材料难度如何？""你投入的心理努力有多少？"等问题，采用李克特等级量表计分。[⑦]孙崇勇和刘电芝通过研究发现，PAAS 量表的敏感性均较好，且共时效度较高。[⑧]说明 PAAS 量表完全可以用于对学习者的内在认知负荷和相关认知负荷进行测量。

因此，可以通过要求学习者完成学习后，将学习材料感知难度评定、被试心理努力评定和学习材料的可用性评定，分别作为内在认知负荷、相关认知负荷和外在认知负荷的评定手段，从而对多媒体画面交互性的有效性进行判断。评定量表如下。

---

① 孙崇勇，刘电芝. 认知负荷主观评价量表比较[J]. 心理科学, 2013, 36(01): 194-201.

② Paas F, Renkl A, Sweller J. Cognitive Load Theory and Instructional Design: Recent Developments[J]. Educational Psychologist, 2003, 38(1): 1-4.

③ Paas F, Tuovinen J E, Tabbers H, et al. Cognitive load measurement as a means to advance cognitive load theory[J]. Educational Psychologist, 2003, 38(1): 63-71.

④ DeLeeuw K E, Mayer R E. A Comparison of Three Measures of Cognitive Load: Evidence for Separable Measures of Intrinsic, Extraneous, and Germane Load. [J]. Journal of Educational Psychology, 2008, 100 (1): 223-234.

⑤ 赵立影, 吴庆麟. 基于认知负荷理论的复杂学习教学设计[J]. 电化教育研究, 2010（04）: 44-48.

⑥ 赵立影. 多媒体学习中的知识反转效应研究[D]. 上海：华东师范大学, 2014：130.

⑦ Paas F, Renkl A, Sweller J. Cognitive Load Theory and Instructional Design: Recent Developments[J]. Educational Psychologist, 2003, 38 (1): 1-4.

⑧ 孙崇勇，刘电芝. 认知负荷主观评价量表比较[J]. 心理科学, 2013, 36（01）：194-201.

1. 你认为刚才的学习内容难度如何？请从以下数字中选择你认为合适的数字填入括号中：（   ）

1   2   3   4   5   6   7   8   9
非常简单   中等难度   非常困难

2. 在刚才的学习过程中，你投入了多少努力？请从以下数字中选择最符合你真实情况的数字填入括号中：（   ）

1   2   3   4   5   6   7   8   9
最少努力   中等努力   最大努力

3. 你认为利用这段学习材料学习起来是否方便？请从以下数字中选择你认为合适的数字填入括号中：（   ）

1   2   3   4   5   6   7   8   9
非常方便   中等方便   非常困难

第六章　实验的实施

本章重点内容是在上一章所设计实验方案的基础上，具体实施"学习者控制实验""共享控制实验""内容反馈实验""时间反馈实验"四大类共 12 个实验，并在此基础上通过对实验数据的分析得出相应的"多媒体画面交互设计规则"。

第一节　学习者控制实验

一、实验 1：大学生学习者控制实验

（一）目的与假设

本实验旨在探索学习者控制对大学本科生数字化学习效果的影响，重点探讨在数字化学习中，能否控制学习节奏和学习序列对学习效果的影响。我们围绕上述问题并依据前文中的研究假设，初步提出以下假设：第一，大学生自主控制学习节奏比系统控制更有利于提高学习效果；第二，大学生自主控制学习序列比系统控制更有利于提升学习效果；第三，大学生若同时具有学习节奏和学习序列的自主控制权限，则学习效果最佳。

（二）实验方法

1. 被试

从某大学各专业三年级学习者中随机抽取 229 名本科生作为被试，被试年龄 M=21.08，SD=1.067，所有被试视力或矫正视力正常，无色盲色弱，均具备一定的数字化学习能力，能熟练使用计算机进行学习与作答。剔除先前知识问卷得分过高、作答信息不全、数据上传失误者 32 人，最终有效实验人数 197 人。

2. 实验设计

本实验采用单因素学习者控制方式（系统控制、控制节奏、控制序列、控制节奏+控制序列）的完全随机实验设计。因变量为学习之后的保持测验和迁移测验，以及三种认知负荷主观评定：学习材料感知难度评定、学习心理努力程度评定、学习材料可用性评定。

3. 实验材料

实验材料包括数字化学习材料和数字化测试材料，其中测试材料包括先前知识问卷、保持测试、迁移测试和主观评定量表。

（1）数字化学习材料

学习材料以 PPT 的形式呈现，实验材料的内容来自国家开放大学网站关于脑科学知识的学习资源《人格》视频，主要是关于人格的概念、人类的五大人格特质、人格生物学基础的相关研究等内容。视频的播放分别采用系统控制、控制节奏、控制序列、控制节奏+控制序列四种学习者控制方式。其中系统控制条件下，视频的播放由完全系统控制，学习者没有控制视频进度的权限；在控制节奏的控制方式下，学习者具有播放、暂停、继续、回

放等学习者控制权限；控制序列条件下，依据内容的完整性将视频分为三部分，学习者具有自主选择这三部分视频学习顺序的权限，但不具有控制每段视频的播放进度的权限；而在控制节奏+控制序列的控制方式中，视频同样按照内容的完整性被分为三个部分，学习者既具备三段视频学习顺序选择的权限，同时还具有每段视频播放、暂停、继续、回放等学习者控制权限。

PPT 中视频的播放通过"Windows Media Player"控件实现，其中控制节奏和控制序列模式播放方式属性"控件布局"的"选择模式"设为"None"，即仅显示视频或可视化效果窗口；而控制节奏和控制节奏+控制序列模式播放方式属性"控件布局"的"选择模式"设为"Full"，即除视频或可视化效果窗口之外，内嵌的播放机还具有状态窗口、定位栏、播放/暂停和音量控件等。

（2）先前知识问卷

先前知识问卷主要考察被试关于本实验中数字化学习内容的熟知情况。本实验先前知识问卷共有 5 道客观问答题：第一题为"您对人格的相关知识了解多少？"有"完全不了解""不了解""不确定""了解""非常了解" 5 个选项，分别计分为 0—4 分；第二题为："您是否了解自己属于哪种人格类型？"选项和计分方式同第一题；第三题为"您是否了解不同人格的不同特点？"选项和计分方式同第一题；第四题为"你的专业是否与心理学相关？"有"不相关、相关"两个选项，分别计分为 0 分和 1 分；第五题为"大学期间是否学习过与人格相关的课程？"有"没学习过、学习过"两个选项，分别计分为 0 分和 1 分，总计 14 分。

（3）保持测验和迁移测验

保持测验包括 5 个填空题（6 分）和 6 个选择题（6 分），共 12 分；迁移测试包括 6 个选择题（6 分）和一个问答题（4 分），共 10 分。

（4）主观评定量表

如前文所述，主观评定量表包括学习材料感知难度评定、被试心理努力评定和学习材料的可用性评定。其中学习材料感知难度评定的问题为"你认为刚才的学习内容难度如何？请从以下数字中选择你认为合适的数字填入方框中"，问题后面 1 到 9 的阿拉伯数字代表从"非常简单"到"非常困难"。被试心理努力评定的问题为"在刚才的学习过程中，你投入了多少努力？请从以下数字中选择最符合你真实情况的数字填入方框中"，问题后面 1 到 9 的阿拉伯数字代表从"最少努力"到"最大努力"。学习材料的可用性评定的问题为"你认为利用这段学习材料学习起来是否方便？请从以下数字中选择你认为合适的数字填入方框中"，问题后面 1 到 9 的阿拉伯数字代表从"非常方便"到"非常困难"。

4. 实验程序

本实验在某大学机房进行，每位被试配备一台计算机和一副耳机。学习者自主选择计算机，并以列为单位将学习者随机分为 4 个小组。然后由主试向被试讲解并演示实验过程，向被试说明实验的基本内容、程序及相关要求，确保每位被试能够清晰理解主试指导语。告知被试本实验要学习一段关于人格的视频，要求学习者认真、独立完成学习内容并回答相关问题。同时利用机房控制系统向被试分发数字化测试材料，宣读完指导语之后要求被试打开 PPT 材料，点击 PPT 左上部位的"启用内容"（启用 PPT 中的所有控件功能），之后在 PPT 全屏放映状态下开始实验。首先完成"先前知识问卷"，然后开始学习视频内容，学习时间限定为不超过 10 分钟，学习结束后，要求学习者关闭学习材料，依次完成保持测试、迁移测试及三个主观评定题目，整个实验控制在 30 分钟以内。实验数据采用 SPSS22.0 软件进行处理与分析。

（三）结果与分析

参与实验的被试共计 229 名被分为 4 组："系统控制"组、"控制节奏"组、"控制序列"组和"控制节奏+控制序列"组，对 4 个实验组后测问卷的保持成绩和迁移成绩的描述统计结果如表 6-1 所示。

表 6-1　四组被试后测成绩的平均值（*M*）与标准差（*SD*）

学习者控制方式	保持成绩		迁移成绩	
	M	*SD*	*M*	*SD*
系统控制	13.82	3.888	9.94	3.094
控制节奏	16.39	3.622	10.72	2.645
控制序列	15.28	3.162	10.00	2.248
控制节奏+控制序列	16.11	3.634	9.16	2.802

为了检测不同组别之间被试保持成绩和迁移成绩有无显著差异，对四组被试后测问卷的保持成绩和迁移成绩进行单因素方差分析，结果如表 6-2 所示，学习者控制类型对于被试保持测试的主效应十分显著，$F_{(3,193)}=4.325$，$p=0.006<0.01$；学习者控制类型对于被试迁移测试的主效应显著，$F_{(3,193)}=3.42$，$p=0.018<0.05$。说明学习者控制类型的差异对被试保持成绩有特别明显的影响，对迁移成绩有明显影响。

表 6-2　四组被试后测成绩的方差分析

成绩量值类别	平方和	*df*	均方	*F*	*p*
保持成绩差值	167.009	3	55.67	4.325	0.006
迁移成绩差值	74.906	3	24.969	3.42	0.018

如表 6-3 所示，在进一步的多重比较中发现，"系统控制"组与"控制节奏"组之间保持成绩具有十分显著的差异（$I-J=-2.565$，$p=0.001<0.01$）；"系统控制"组与"控制序列"组之间的保持成绩存在边缘显著差异（$I-J=-1.459$，$p=0.085$）；"系统控制"组与"控制节奏+控制序列"组之间的保持成绩存在十分显著的差异（$I-J=-2.282$，$p=0.004<0.01$）。

各学习者控制类型保持成绩均值分布如图 6-1 所示。由前文分析及图 6-1 可以看出，"控制节奏"交互与"控制节奏+控制序列"交互的保持成绩均值明显高于系统控制交互方式下的保持成绩均值，也高于控制序列方式下的保持成绩均值；"控制节奏"交互下的保持成绩均值高于"控制节奏+控制序列"交互下的保持成绩均值；"控制序列"交互下的保持成绩均值高于"控制节奏"交互下的保持成绩均值。

表6-3 四组被试后测成绩的多重比较

因变量		保持成绩		迁移成绩	
		I–J	p	I–J	p
系统控制	控制节奏	−2.565*	0.001	−0.775	0.175
	控制序列	−1.459	0.085	−0.059	0.926
	控制节奏+控制序列	−2.282*	0.004	0.783	0.183
控制节奏	系统控制	2.565*	0.001	0.775	0.175
	控制序列	1.106	0.128	0.716	0.19
	控制节奏+控制序列	0.283	0.662	1.559*	0.002
控制序列	系统控制	1.459	0.085	0.059	0.926
	控制节奏	−1.106	0.128	−0.716	0.19
	控制节奏+控制序列	−0.823	0.271	0.842	0.135
控制节奏+控制序列	系统控制	2.282*	0.004	−0.783	0.183
	控制节奏	−0.283	0.662	−1.559*	0.002
	控制序列	0.823	0.271	0.842	0.135

可以看出，在数字化学习中，"控制节奏"和"控制节奏+控制序列"均有利于大学生保持成绩的提高，尤其是"控制节奏"最有利于大学生保持成绩的提高，"系统控制"最不利于大学生保持成绩的提高。

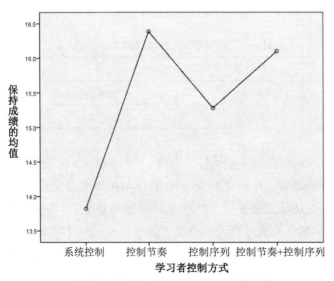

图6-1 不同组别保持成绩的均值分布

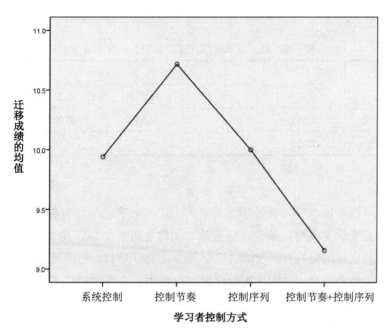

图 6-2　不同组别迁移成绩的均值分布

由表 6-3 可以看出，"控制节奏"组与"控制节奏+控制序列"组之间的迁移成绩存在十分显著的差异（$I-J$=1.559，p=0.002<0.01）。各学习者控制类型迁移成绩均值分布如图 6-2 所示。由前文分析及图 6-2 可以看出，"控制节奏"交互保持成绩均值明显高于"控制节奏+控制序列"交互保持成绩均值，高于"系统控制"交互保持成绩均值和"控制序列"交互保持成绩均值；"系统控制"交互保持成绩均值与"控制序列"交互保持成绩均值相当。可以看出，在数字化学习中，"控制节奏"交互最有利于大学生迁移成绩的提高，"控制节奏+控制序列"最不利于大学生迁移成绩的提高。

可见，从保持成绩和迁移成绩的两组数据都反映出，"控制节奏"更有利于学习成绩的提高，因此可以认为学习者控制的交互方式中控制节奏方式是其中的最佳选项。

对不同组别的三项主观评定结果进行描述性统计，结果如表 6-4 所示。

表 6-4　四组被试主观评定分数的平均值（M）与标准差（SD）

学习者控制类型	学习材料感知难度		学习心理努力程度		学习材料可用性	
	M	SD	M	SD	M	SD
系统控制	5.68	1.552	6.03	1.834	5.21	1.533
控制节奏	5.58	1.458	6.48	1.481	5.34	1.702
控制序列	5.54	1.587	6.41	1.697	5.18	2.037
控制节奏+控制序列	5.42	1.439	6.61	1.509	5.32	2.028

对不同组别的三项主观评定结果进行方差分析结果如表 6-5 所示，学习者交互控制类

型对于学习材料感知难度、学习心理努力程度、学习材料可用性的主效应均不显著。

表 6-5　四组被试主观评定分数的方差分析

主观评定项目	平方和	df	均方	F	显著性
学习材料感知难度	1.557	3	0.519	0.232	0.874
学习心理努力程度	7.551	3	2.517	0.986	0.4
学习材料可用性	0.922	3	0.307	0.09	0.965

（四）讨论

从实验结果可以看出，学习者控制方式对大学生的数字化学习有显著影响，具体表现在不同控制方式对大学生保持成绩及迁移成绩方面的显著性差异。其中"控制节奏"最有利于大学生的保持成绩的提高，其次为"控制节奏+控制序列"。相较而言，"系统控制"不利于大学生保持成绩的提高。同样从实验结果可以看出，"控制节奏"最有利于大学生数字化学习中迁移成绩的提高，其次为"控制序列"和"系统控制"，而"控制节奏+控制序列"不利于大学生迁移成绩的提高。

实验结果验证了假设一，即大学生自主控制学习节奏比系统控制更有利于提高学习效果，这在保持成绩和迁移成绩两项中都得到了验证，充分证明了这点。实验结果也验证了假设二，即大学生自主控制学习序列比系统控制更有利于提升学习效果。实验结论中，保持成绩和前测成绩的实验结果也都支持假设二。但实验结果没能支持假设三，即大学生若同时具有学习节奏和学习序列的控制权限，则学习效果最佳。保持成绩的结果不支持假设三，且在迁移成绩中得到了相反的结果，即同时具有学习节奏和学习序列的自主控制权限，学生成绩却最低。究其原因，很明显可以看出，宏观上大学生自主控制学习节奏的积极作用比较突出，而自主控制序列的积极作用却不够明显（虽然假设二被验证），将这两者叠加反而阻碍了学生自主控制学习节奏的正向效应。

总体而言，在大学生的数字化学习中，"控制节奏"是学习者控制方式设置中的优先选择，"控制节奏"对大学生保持成绩和迁移成绩的提高来说均是最佳选项。相较而言，"系统控制"不利于大学生保持成绩的提高，"控制节奏+控制序列"不利于大学生迁移成绩的提高。

从本实验主观评定结果可以看出，交互方式对于大学生学习心理努力程度、学习材料感知难度、学习材料可用性均无明显主效应。说明不同的交互方式对于大学生外在认知负荷、内在认知负荷和相关负荷无明显影响。

（五）结论

第一，学习者控制方式对大学生数字化学习效果有明显影响。

第二，在数字化学习中，"控制节奏"有利于大学生保持成绩的提高，"系统控制"则不利于大学生保持成绩的提高。

第三，数字化学习中，"控制节奏"有利于大学生迁移成绩的提高，"控制节奏+控制序列"则不利于大学生保持成绩的提高。

第四，学习者控制方式对于大学生外在认知负荷、内在认知负荷和相关负荷无明显影响。

二、实验 2：中学生学习者控制实验

（一）目的与假设

本实验旨在探索学习者控制对中学生数字化学习效果的影响，重点探讨在数字化学习中，控制学习节奏和学习序列对学习效果的影响。围绕上述问题并依据前文中的研究假设，初步提出以下假设：第一，中学生自主控制学习节奏比系统控制更有利于提高学习效果；第二，中学生自主控制学习序列比系统控制更有利于提升学习效果；第三，中学生同时具有学习节奏和学习序列的自主控制权限，则学习效果最佳。

（二）实验方法

1. 被试

从某中学初三年级学习者中随机抽取 239 名学习者作为被试，被试年龄 $M=15.02$，$SD=0.827$，所有被试视力或矫正视力正常，无色盲色弱，均具备一定的数字化学习能力，能熟练使用计算机进行学习与作答。剔除先前知识问卷得分过高、作答信息不全者 27 人，最终有效实验人数 212 人。

2. 实验设计

本实验采用单因素学习者控制方式（系统控制、控制节奏、控制序列、控制节奏+控制序列）的完全随机实验设计。因变量为学习之后的保持测验和迁移测验，以及三种认知负荷主观评定：学习材料感知难度评定、学习心理努力程度评定、学习材料可用性评定。

3. 实验材料

实验材料包括数字化学习材料和数字化测试材料，其中测试材料包括先前知识问卷、保持测试、迁移测试和主观评定量表。

（1）数字化学习材料

实验材料以 PPT 的形式呈现，实验材料的内容来自国家开放大学网站关于脑科学知识的学习资源《海洋食物链》视频，主要是关于海洋食物链的构成、食物链的层级等相关知识。视频的播放分别采用"系统控制""控制节奏""控制序列""控制节奏+控制序列"四种学习者控制方式。其中"系统控制"条件下，视频的播放由完全系统控制，学习者没有控制视频进度的权限；"控制节奏"形式中，学习者具有播放、暂停、继续、回放等学习者控制权限；"控制序列"条件下，视频被依据内容分为三部分，学习者具有自主选择这三部分视频学习顺序的权限，但不具有控制每段视频的播放进度的权限；"控制节奏+控制序列"的控制形式中，视频同样按照内容的完整性被分为三个部分，学习者既具备三段视频学习顺序选择的权限，同时具有每段视频播放、暂停、继续、回放等学习者控制权限。

PPT 中视频的播放通过"Windows Media Player"控件实现，其中"控制节奏"和"控制序列"模式播放方式属性"控件布局"的"选择模式"设为"None"，即仅显示视频或可视化效果窗口；而"控制节奏"和"控制节奏+控制序列"模式播放方式属性"控件布局"

的"选择模式"设为"Full"，即除视频或可视化效果窗口之外，内嵌的播放机还具有状态窗口、定位栏、播放/暂停和音量控件等。

（2）先前知识问卷

先前知识问卷主要考察被试关于本实验中数字化学习内容的熟知情况。本实验先前知识问卷共有 5 道题客观问答题：第一题为"你了解海洋食物链吗？"有"完全不了解""不了解""不确定""了解""非常了解" 5 个选项，分别计分为 0—4 分；第二题为"你了解食物链中的营养级吗？"选项和计分方式同第一题；第三题为"你了解牧食食物链吗？"选项和计分方式同第一题；第四题为"你了解碎屑食物链吗？"选项和计分方式同第一题；第五题为"你了解人类与海洋生物的紧密关联吗？"选项和计分方式同第一题，总计 20 分。

（3）保持测试和迁移测试

保持测试包括 6 个填空题（6 分）和 4 个判断题（4 分），共 10 分；迁移测试包括 5 个选择题，共 5 分。

（4）主观评定量表

同实验 1。

4．实验程序

本实验在某中学机房进行，每位被试配备一台计算机和一副耳机。学习者自主选择计算机，并以列为单位将学习者随机分为 4 个小组。然后由主试向被试讲解并演示实验过程，向被试说明实验的基本内容、程序及相关要求，确保每位被试能够清晰理解主试指导语。告诉被试本实验要学习一段关于海洋食物链的视频，学习之后需要回答相关问题，要求学习者认真、独立完成学习内容并回答相关问题。同时利用机房控制系统向被试分发测试材料，宣读完指导语之后要求被试打开 PPT 材料，点击 PPT 左上部位的"启用内容"（启用 PPT 中的所有控件功能），之后在 PPT 全屏放映状态下开始实验。首先完成"先前知识问卷"，然后开始学习视频内容，学习时间限定为不超过 10 分钟。学习结束后，要求学习者关闭学习材料，依次完成保持测试、迁移测试及 3 个主观评定问题，整个实验控制在 30 分钟以内。实验数据采用 SPSS22.0 软件进行处理与分析。

（三）结果与分析

对 4 个实验分组共计 239 名被试后测问卷的保持成绩和迁移成绩的描述统计，结果如表 6-6 所示。

表 6-6　四组被试后测成绩的平均值（M）与标准差（SD）

学习者控制方式	保持成绩		迁移成绩	
	M	SD	M	SD
系统控制	10.12	4.444	4.12	1.976
控制节奏	11.35	4.149	4.54	2.313
控制序列	10.35	5.211	3.18	1.884
控制节奏+控制序列	11.52	4.422	4.31	1.789

为了检测不同组别之间保持成绩和迁移成绩有无显著差异，对不同组别的保持成绩和迁移成绩进行单因素方差分析，结果如表6-7所示，可以看出，交互方式对保持成绩的主效应不显著，对迁移成绩的主效应十分显著，$F(3,208)=4.646$，$p=0.004<0.01$。

表6-7　四组被试后测成绩的方差分析

成绩差值类别	平方和	df	均方	F	p
保持成绩差值	78.562	3	26.187	1.256	0.291
迁移成绩差值	55.486	3	18.495	4.646	0.004

表6-8　四组被试后测成绩的多重比较

因变量		迁移成绩	
		$I-J$	p
系统控制	控制节奏	−0.421	0.904
	控制序列	0.941	0.09
	控制节奏+控制序列	−0.193	0.996
控制节奏	系统控制	0.421	0.904
	控制序列	1.362*	0.009
	控制节奏+控制序列	0.228	0.993
控制序列	系统控制	−0.941	0.09
	控制节奏	−1.362*	0.009
	控制节奏+控制序列	−1.134*	0.011
控制节奏+控制序列	系统控制	0.193	0.996
	控制节奏	−0.228	0.993
	控制序列	1.134*	0.011

如表6-8所示，在进一步的多重比较中发现，"系统控制"与"控制序列"之间的迁移成绩具有边缘性显著差异（$I-J=0.941$，$p=0.09$）；"控制节奏"与"控制序列"之间的迁移成绩存在十分显著的差异（$I-J=1.362$，$p=0.009<0.01$）；"控制序列"与"控制节奏+控制序列"之间的迁移成绩存在显著差异（$I-J=-1.134$，$p=0.011<0.05$）。

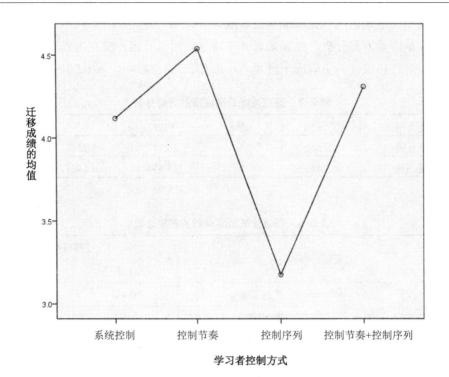

图 6-3　不同组别迁移成绩的均值分布

各学习者控制方式迁移成绩均值分布如图 6-3 所示。由前文分析及图 6-3 可以看出，"控制序列"交互的迁移成绩均值明显低于其他三者，"控制节奏"的迁移成绩均值最高，其次为"控制节奏+控制序列"。

可以看出，在中学生的数字化学习中，相较而言，"控制节奏"和"控制节奏+控制序列"均有利于迁移成绩的提高，尤其是"控制节奏"最有利于中学生迁移成绩的提高，"控制序列"最不利于中学生迁移成绩的提高。

对不同组别的三项主观评定结果进行描述性统计，结果如表 6-9 所示：

表 6-9　四组被试主观评定分数的平均值（M）与标准差（SD）

学习者控制类型	学习材料感知难度		学习心理努力程度		学习材料可用性	
	M	SD	M	SD	M	SD
系统控制	5.51	1.515	6.76	1.784	4.59	2.202
控制节奏	5.58	1.861	6.98	1.831	4.85	2.453
控制序列	5.59	1.723	6.75	2.008	4.96	2.236
控制节奏+控制序列	5.10	1.714	6.83	2.194	4.34	2.157

表 6-10　四组被试主观评定分数的方差分析

主观评定项目	平方和	df	均方	F	显著性
学习材料感知难度	8.906	3	2.969	1.017	0.386
学习心理努力程度	1.767	3	0.589	0.152	0.928
学习材料可用性	12.395	3	4.132	0.808	0.491

对不同组别的三项主观评定结果进行单因素方差分析，结果如表 6-10 所示。可以看出，学习者的交互控制方式对学习材料感知难度、学习心理努力程度、学习材料可用性的主效应均不显著。

（四）讨论

从实验结果可以看出，交互方式对中学生数字化学习中的迁移成绩有十分明显的影响，对保持成绩没有明显的影响。其中"控制节奏"最有利于中学生的迁移成绩的提高，其次为"控制节奏+控制序列"和"系统控制"，而"控制序列"不利于中学生迁移成绩的提高。

上述实验结论验证了假设一，即中学生自主控制学习节奏比系统控制更有利于提高学习效果。也验证了假设二：中学生自主控制学习序列比系统控制更有利于提升学习效果。部分验证了假设三：中学生同时具有学习节奏和学习序列的自主控制权限则学习效果最佳。具体表现在假设三在保持成绩上得到了验证，而在迁移成绩上没能得到支持，不过也相差无几，迁移成绩处在第二位。

总体而言，在中学生的数字化学习中，"控制节奏"是学习者交互控制方式设置中的优先选择，相较而言，"控制序列"则不利于中学生学习成绩的提高。

从本实验主观评定结果可以看出，交互方式对于中学生学习心理努力程度、学习材料感知难度、学习材料可用性均无明显主效应。说明不同的交互方式对于中学生外在认知负荷、内在认知负荷和相关负荷无明显影响。

（五）结论

第一，学习者交互控制方式对中学生数字化中的迁移成绩有明显影响，对保持成绩无明显影响。

第二，数字化学习中，控制节奏有利于中学生迁移成绩的提高，控制序列则不利于中学生保持成绩的提高。

第三，学习者交互控制方式对于中学生外在认知负荷、内在认知负荷和相关负荷无明显影响。

三、实验 3：小学生学习者控制实验

（一）目的与假设

本实验旨在探索学习者控制对小学生数字化学习效果的影响，重点探讨在数字化学习中，控制学习节奏和学习序列对学习效果的影响。围绕上述问题并依据前文中的研究假设，初步提出以下假设：第一，小学生自主控制学习节奏更有利于提高学习效果且效果最佳；第二，小学生自主控制学习序列更有利于提升学习效果；第三，小学生自主控制学习节奏的学习效果最佳。

（二）实验方法

1. 被试

从某实验小学五、六年级学习者中随机抽取 290 名学习者作为被试，年龄 $M=11.35$，$SD=0.999$，所有被试视力或矫正视力正常，无色盲色弱，均具备一定的数字化学习能力，能熟练使用计算机进行学习与作答。剔除先前知识问卷得分过高、作答信息不全者42人，最终有效实验人数248人。

2. 实验设计

本实验采用单因素学习者控制方式的完全随机实验设计。因变量为学习之后的保持测验和迁移测验，以及三种认知负荷主观评定：学习材料感知难度评定、学习心理努力程度评定、学习材料可用性评定。

3. 实验材料

实验材料包括数字化学习材料和数字化测试材料，其中测试材料包括先前知识问卷、保持测试、迁移测试和主观评定量表。

（1）数字化学习材料

实验材料以PPT的形式呈现，实验材料的内容来自国家开放大学网站关于脑科学知识的学习资源《海洋鱼类》视频，主要是关于海洋鱼类的学习资源，讲述了如何区分海洋鱼类。视频的播放分别采用"系统控制""控制节奏""控制序列""控制节奏+控制序列"四种学习者控制方式。其中"系统控制"条件下，视频的播放完全由系统控制，学习者没有控制视频进度的权限；"控制节奏"形式中，学习者具有播放、暂停、继续、回放等学习者控制权限；"控制序列"条件下，视频被依据内容分为三部分，学习者具有自主选择这三部分视频学习顺序的权限，但不具有控制每段视频的播放进度的权限；"控制节奏+控制序列"的控制形式中，视频同样按照内容的完整性被分为三个部分，学习者既具备三段视频学习顺序选择的权限，同时具有每段视频播放、暂停、继续、回放等学习者控制权限。

PPT中视频的播放通过"Windows Media Player"控件实现，其中"控制节奏"和"控制序列"模式播放方式属性"控件布局"的"选择模式"设为"None"，即仅显示视频或可视化效果窗口；而"控制节奏"和"控制节奏+控制序列"模式播放方式属性"控件布局"的"选择模式"设为"Full"，即除视频或可视化效果窗口之外，内嵌的播放机还具有状态窗口、定位栏、播放/暂停和音量控件等。

（2）先前知识问卷

先前知识问卷主要考察被试关于本实验中数字化学习内容的熟知情况。本实验先前知识问卷共有4道题客观问答题：第一题为"你对海洋鱼类了解多少？"有"完全不了解""不了解""不确定""了解""非常了解"5个选项，分别计分为0—4分；第二题为："你了解不同体型鱼类的不同特征吗？"选项和计分方式同第一题；第三题为"你了解不同摄食习惯鱼类的不同习性吗？"选项和计分方式同第一题；第四题为"你了解鱼类的繁殖方式吗？"选项和计分方式同第一题，总计16分。

（3）保持测验和迁移测验

保持测验包括5个选择题（10分）和5个判断题（10分），共20分；迁移测试包括4个选择题，共8分。

（4）主观评定量表

同实验1。

4. 实验程序

本实验在某小学机房进行，每位被试配备一台计算机和一副耳机。学习者自主选择计算机，并以列为单位将学习者随机分为 4 个小组。然后由主试宣读实验指导语及相关要求，向被试说明实验的基本内容、程序及要求。告诉被试本实验要学习一段关于海洋鱼类的视频，学习之后需要回答相关问题，要求学习者认真、独立完成学习内容并回答相关问题。同时利用机房控制系统向被试分发测试材料，宣读完指导语之后要求被试打开 PPT 测试材料，点击 PPT 左上部位的"启用内容"（启用 PPT 中的所有控件功能），之后在 PPT 全屏放映状态下开始实验。首先完成"先前知识问卷"，然后开始学习视频内容，学习时间限定为不超过 10 分钟，学习结束后，要求学习者关闭学习材料，依次完成保持测试、迁移测试及三个主观评定问题，整个实验控制在 30 分钟以内。实验数据采用 SPSS22.0 软件进行处理与分析。

（三）结果与分析

对 4 个实验分组共计 290 名被试后测问卷的保持成绩和迁移成绩的描述进行统计，结果如表 6-11 所示。

表 6-11　四组被试后测成绩的平均值（M）与标准差（SD）

学习者控制方式	保持成绩		迁移成绩	
	M	SD	M	SD
系统控制	12.31	3.692	3.90	1.909
控制节奏	10.84	3.393	3.85	2.430
控制序列	11.32	3.430	3.72	2.172
控制节奏+控制序列	11.27	3.956	3.40	2.453

表 6-12　四组被试后测成绩的方差分析

成绩差别类别	平方和	df	均方	F	显著性
保持成绩差值	66.97	3	22.323	1.699	0.168
迁移成绩差值	9.425	3	3.142	0.621	0.602

为了检测不同组别之间保持成绩和迁移成绩有无显著差异，对不同组别的保持成绩和迁移成绩进行单因素方差分析，结果如表 6-12 所示。可以看出，学习者控制类型对于被试保持测试、迁移测试及总成绩的主效应均不显著。

对不同组别的三项主观评定结果进行描述性统计如表 6-13 所示。

对不同组别的三项主观评定结果进行方差分析结果如表 6-14 所示。学习者交互控制类型对于学习材料感知难度、学习心理努力程度、学习材料可用性的主效应均不显著。

表 6-13　四组被试主观评定分数的平均值（M）与标准差（SD）

学习者控制类型	学习材料感知难度		学习心理努力程度		学习材料可用性	
	M	SD	M	SD	M	SD
系统控制	4.02	2.193	5.95	2.424	3.69	2.253
控制节奏	4.04	1.815	5.82	2.326	3.80	2.360
控制序列	4.41	2.032	6.31	2.208	4.34	2.342
控制节奏+控制序列	4.22	2.232	6.27	2.585	4.57	2.757

表 6-14　四组被试主观评定分数的方差分析

主观评定项目	平方和	df	均方	F	显著性
学习材料感知难度	6.514	3	2.171	0.502	0.681
学习心理努力程度	10.649	3	3.55	0.624	0.6
学习材料可用性	32.501	3	10.834	1.822	0.144

（四）讨论

从实验结果可以看出，交互方式对小学生的数字化学习无明显影响。相较而言，"系统控制"最有利于小学生保持成绩的提高，"控制节奏"不利于小学生保持成绩的提高；类似地，"系统控制"最有利于小学生迁移成绩的提高，"控制节奏+控制序列"则不利于小学生迁移成绩的提高。

实验结果未能验证所有实验假设，说明学习者自主控制方式对小学生没有任何影响。

从本实验主观评定结果可以看出，交互方式对于小学生学习心理努力程度、学习材料感知难度、学习材料可用性均无明显主效应。说明不同的交互方式对于小学生外在认知负荷、内在认知负荷和相关负荷无明显影响。

（五）结论

第一，学习者交互控制方式对小学生数字化学习效果无明显影响。

第二，学习者交互控制方式对于小学生外在认知负荷、内在认知负荷和相关负荷无明显影响。

四、本节讨论

通过上述实验数据及相关分析可以看出，学习者交互控制方式对大、中、小学生的数字化学习效果的影响有所不同，其中对大学生的影响较大，中学生次之，对小学生影响不大；学习者交互控制方式对大、中、小学生的内在认知负荷、外在认知负荷和相关认知负荷基本无明显影响。

表 6-15 不同年龄学习者后测成绩方差分析显著效应统计

年龄阶段	保持成绩	迁移成绩	感知难度	努力程度	可用性
大学生	十分显著	显著	不显著	不显著	不显著
中学生	不显著	十分显著	不显著	不显著	不显著
小学生	不显著	不显著	不显著	不显著	不显著

具体而言，从前文分析可知，学习者交互控制方式对大学生的保持成绩有明显影响，对中学生和小学生的保持成绩无明显影响（如表 6-15 所示）。在迁移成绩方面，学习者交互控制方式对大学生和中学生的迁移成绩均具有显著效应，对小学生的迁移成绩没有明显影响。

同样地，不同交互控制方式对不同年龄学习者影响不同。在交互控制方式的选择中，不同年龄的最佳选项有所不同（如表 6-16 所示），"控制节奏"最有利于大学生的数字化学习的保持成绩的提高，"控制节奏"亦有利于中学生保持成绩的提高。

表 6-16 不同年龄学习者最佳交互控制方式

交互控制方式	大学生		中学生		小学生	
	保持成绩	迁移成绩	保持成绩	迁移成绩	保持成绩	迁移成绩
系统控制	—	—	—	—	—	—
控制节奏	√	√	—	√	—	—
控制序列	—	—	—	—	—	—
控制节奏+控制序列	—	—	—	—	—	—

在认知负荷方面，学习者交互控制方式对大、中、小学生的学习心理努力程度、学习材料感知难度、学习材料可用性的主效应均无明显影响。说明学习者交互控制方式对于大、中、小学生的外在认知负荷、内在认知负荷和相关负荷无明显影响。

五、本节结论

第一，在数字化学习中，学习者交互控制方式对大学生的保持成绩有明显影响，对中、小学生的保持成绩则无明显影响。

第二，学习者交互控制方式对大、中学生的迁移成绩有明显影响，对小学生的保持成绩则无明显影响。

第三，"控制节奏"最有利于大学生的数字化学习的保持成绩的提高。

第四，"控制节奏"最有利于大学生和中学生的数字化学习的保持成绩的提高。

第五，学习者交互控制方式对于大、中、小学生的外在认知负荷、内在认知负荷和相关负荷无明显影响。

第二节　共享控制实验

一、实验 4：大学生共享控制实验

（一）目的与假设

本实验旨在探索不同共享控制方式对大学本科生数字化学习效果的影响。围绕上述问题和依据前文中的研究假设，初步提出以下假设：第一，"文本+视频"的设置比"文本"设置更有利于提高学习效果；第二，"文本+视频"的设置比"文本+音频"的设置更有利于提升学习效果；第三，"文本+音频+视频"设置方式下学习效果最佳。

（二）实验方法

1. 被试

从某大学各专业二、三年级学习者中随机抽取 294 名作为被试，被试年龄 $M=20.95$，$SD=1.09$，所有被试视力或矫正视力正常，无色盲色弱，均具备一定的数字化学习能力，能熟练使用计算机进行学习与作答。剔除先前知识问卷得分过高、作答信息不全者 28 人，最终有效实验人数 266 人。

2. 实验设计

本实验采用单因素完全随机实验设计，其中自变量为共享控制方式，分为 4 个水平：文本、文本+音频、文本+视频、文本+音频+视频；因变量为学习效果（保持测验、迁移测验）和学习者主观评定分数（学习材料感知难度评定、学习心理努力程度评定、学习材料可用性评定）两类。

3. 实验材料

实验材料包括数字化学习材料和数字化测试材料，其中数字化测试材料包括先前知识问卷、保持测试、迁移测试和主观评定量表。所有实验材料及测试材料均在计算机上呈现，不包含任何纸质材料。

（1）数字化学习材料

学习材料的内容来自国家开放大学网站关于脑科学知识的学习资源《脑的不对称性》，主要是关于人脑左右半球的差异、皮质功能偏侧化现象、脑不对称性与语言和用手习惯之间的关系等内容。学习材料分为 4 个版本："文字"单选项版、"文字+音频"双选项版、"文字+视频"双选项版和"文字+音频+视频"三选项版。其中"文字"版中系统为学习者提供了唯一选项——文字形式的学习材料；"文字+音频"版中系统为学习者提供了内容相同但表现形式不同的两种学习材料（文字材料和音频材料）供学习者选择；类似地，"文字+视频"版中系统提供了文字材料和视频材料；而"文字+音频+视频"版中系统则提供给学习者呈现形式不同的三种选项：文字、音频和视频。所有学习材料均可通过 PPT 链接的形式打开。

（2）先前知识问卷

先前知识问卷主要考察被试关于本实验中数字化学习内容的熟知情况，本实验先前知识问卷包括 5 道选择题，均为客观问答题，如"你对大脑不对称性的相关知识了解多少？"有"完全不了解""不了解""不确定""了解""非常了解"5 个选项，分别计分为 0—4 分，五道题总计 20 分。

（3）保持测试和迁移测试

保持测试主要考察学习者对学习内容的记忆、保持与再认知能力。本实验的保持测试题目包括 4 道填空题（10 分）和 5 道判断题（10 分），共 20 分，填空题如"1861 年，法国的布罗卡发现人的语言区位于（　　　）？"判断正误题如"语言功能主要由左额叶和右颞叶负责"，有"正确"和"错误"两个选项；迁移测试主要考查学习者对学习内容的理解及解决新情境中相关问题的能力。本实验的迁移测试包括 3 道判断题（6 分）和 2 道问答题（12 分），共 18 分，判断题目如"左右脑半球在微观结构方面不存在不对称性"，有"正确"和"错误"两个选项。

（4）主观评定量表

同实验 1。

4. 实验程序

本实验在某大学机房进行，每位被试配备一台计算机和一副耳机。被试自主选择计算机位置，并以列为单位将被试分为 4 个小组。然后由主试宣读实验指导语及相关要求，向被试说明实验的基本内容、程序及要求。告诉被试本实验要学习一段关于脑不对称性的视频，学习之后需要回答相关问题，要求学习者认真、独立完成学习内容并回答相关问题。同时利用机房控制系统向被试分发测试材料，宣读完指导语之后要求被试打开 PPT 测试材料，点击 PPT 左上部位的"启用内容"（启用 PPT 中的所有控件功能），在 PPT 全屏放映状态下开始实验。实验开始后，首先完成"先前知识问卷"，然后开始学习相关材料内容，学习时间限定为 10 分钟，学习结束后，学习者关闭所有学习材料，完成 3 个主观评定问题、保持测试题目及迁移测试题目，整个实验控制在 30 分钟以内完成。实验数据采用 SPSS22.0 软件进行处理与分析。

（三）结果与分析

参与实验的被试共计 294 名被随机分为 4 组："文本"组、"文本+音频"组、"文本+视频"组和"文本+音频+视频"组，对 4 组被试后测问卷的保持成绩和迁移成绩的描述统计结果如表 6-17 所示。

为了检测不同组别之间保持成绩和迁移成绩有无显著差异，对四组后测问卷的保持成绩和迁移成绩进行单因素方差分析，结果如表 6-18 所示。

表 6-17　四组被试后测成绩的平均值（*M*）与标准差（*SD*）

共享控制类型	保持成绩		迁移成绩	
	M	*SD*	*M*	*SD*
文本	15.39	2.952	10.14	3.924
文本+音频	15.42	3.279	8.76	3.562
文本+视频	16.75	2.606	9.94	3.887
文本+音频+视频	16.31	2.882	10.63	4.486

表 6-18 四组被试后测成绩的方差分析

成绩差值类别	平方和	df	均方	F	显著性
保持成绩差值	88.79	3	29.597	3.391	0.019
迁移成绩差值	137.358	3	45.786	2.898	0.036

由表 6-18 可以看出,共享控制类型对于被试保持测试的主效应显著,$F(3,262)=3.391$,$p=0.019<0.05$;共享控制类型对于被试迁移测试的主效应显著,$F(3,262)=2.898$,$p=0.036<0.05$。说明共享控制类型的差异对保持成绩和迁移成绩均具有明显影响。

表 6-19 四组被试后测成绩的多重比较

因变量		保持成绩		迁移成绩	
		$I–J$	p	$I–J$	p
文本	文本+音频	−0.028	0.957	1.380*	0.05
	文本+视频	−1.357*	0.013	0.205	0.778
	文本+音频+视频	−0.921	0.083	−0.486	0.496
文本+音频	文本	0.028	0.957	−1.380*	0.05
	文本+视频	−1.329*	0.009	−1.174	0.083
	文本+音频+视频	−0.893	0.069	−1.865*	0.005
文本+视频	文本	1.357*	0.013	−0.205	0.778
	文本+音频	1.329*	0.009	1.174	0.083
	文本+音频+视频	0.436	0.395	−0.691	0.316
文本+音频+视频	文本	0.921	0.083	0.486	0.496
	文本+音频	0.893	0.069	1.865*	0.005
	文本+视频	−0.436	0.395	0.691	0.316

在进一步的多重比较中发现,"文本"组与"文本+视频"组之间的保持成绩存在显著差异($I–J=−1.357$,$p=0.013<0.05$)(如表 6-19 所示);"文本"组与"文本+音频+视频"组之间的保持成绩存在边缘显著性差异($I–J=−0.921$,$p=0.083$);"文本+音频"组与"文本+视频"组之间的保持成绩存在十分显著的差异($I–J=−1.329$,$p=0.009<0.01$),"文本+音频"组与"文本+音频+视频"组之间的保持成绩存在边缘显著性差异($I–J=−0.893$,$p=0.069$)。

各共享控制类型保持成绩均值分布如图 6-4 所示。由前文的分析及图 6-4 可以看出,"文本+视频"组保持成绩的均值略高于"文本+音频+视频"组,明显高于其他两个组;"文本+音频+视频"组保持成绩的均值明显高于"文本"组与"文本+音频"组;"文本+音频"组保持成绩的均值略高于"文本"组。

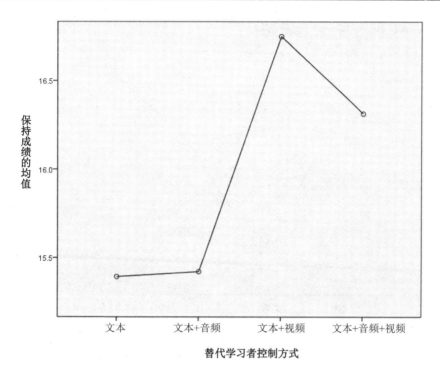

图 6-4　不同组别保持成绩的均值分布

可见，在数字化学习资源的共享控制选项的设置中，"文本+视频"组及"文本+音频+视频"组的设置有利于大学生数字化学习中保持成绩的提高，尤其是"文本+视频"组最有利于大学生保持成绩的提高。相较而言，"文本"组和"文本+音频"组不利于大学生数字化学习保持成绩的提高，尤其是"文本"单选项方式最不利于大学生数字化学习保持成绩的提高。

由表 6-19 可以看出，"文本"组与"文本+音频"组之间的迁移成绩存在显著差异（$I-J=1.380$，$p=0.05$）；"文本+音频"组与"文本+视频"组之间的迁移成绩存在边缘显著性差异（$I-J=-1.174$，$p=0.083$）；"文本+音频"组与"文本+音频+视频"组之间的迁移成绩存在十分显著的差异（$I-J=-1.865$，$p=0.005<0.01$）。各共享控制类型组迁移成绩均值分布如图 6-5 所示。由前文的分析及图 6-5 可以看出，"文本+音频+视频"组迁移成绩的均值高于"文本"组与"文本+视频"组，明显高于"文本+音频"组；"文本"组与"文本+视频"组迁移成绩的均值亦明显高于"文本+音频"组。

可以看出，在数字化学习资源的共享控制选项的设置中，"文本+音频+视频"组的设置最有利于大学生数字化学习中迁移成绩的提高，其次为"文本"组和"文本+视频"组的设置，"文本+音频"组的设置不利于大学生迁移成绩的提高。

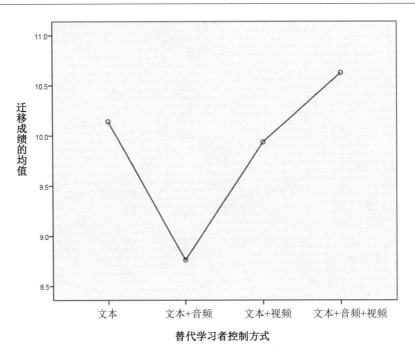

图 6-5　不同组别迁移成绩的均值分布

对不同组别的三项主观评定结果进行描述性统计，结果如表 6-20 所示。

表 6-20　四组被试主观评定分数的平均值（*M*）与标准差（*SD*）

共享控制类型	学习材料感知难度		学习心理努力程度		学习材料可用性	
	M	*SD*	*M*	*SD*	*M*	*SD*
文本	6.09	1.541	6.27	1.721	5.52	1.651
文本+音频	6.09	1.634	6.25	1.706	5.53	1.777
文本+视频	5.67	1.878	6.48	1.737	5.08	2.034
文本+音频+视频	5.46	1.594	6.64	1.551	5.29	2.121

对不同组别的三项主观评定结果进行单因素方差分析结果如表 6-21 所示。

从表 6-21 中可以看出，共享控制类型对于学习材料感知难度、学习心理努力程度、学习材料可用性的主效应均不显著，其中仅对于学习材料感知难度主效应存在边缘显著性，$F_{(3,262)}=2.435$，$p=0.065$。从图 6-6 中可以看出，大学生对"文本"及"文本+音频"两种方式的感知难度最大，对"文本+视频"的感知难度较小，对"文本+音频+视频"的感知难度最小。

表 6-21　四组被试主观评定分数的方差分析

主观评定项目	平方和	*df*	均方	*F*	显著性
学习材料感知难度	20.306	3	6.769	2.435	0.065
学习心理努力程度	7.223	3	2.408	0.856	0.465
学习材料可用性	8.957	3	2.986	0.817	0.486

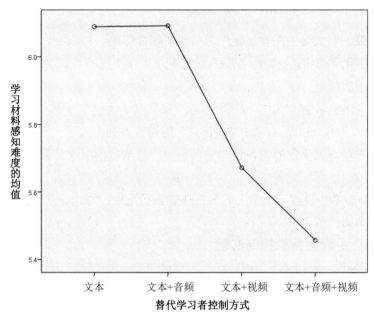

图 6-6　不同组别的学习材料感知难度均值分布

（四）讨论

从实验结果可以看出，共享控制对大学生的数字化学习有显著影响，具体表现在不同共享控制方式对大学生保持成绩及迁移成绩方面的显著性差异。其中"文本+视频"设置方式最有利于大学生的保持成绩的提高，其次为"文本+音频+视频"方式。相较而言，"文本"和"文本+音频"设置方式不利于大学生保持成绩的提高。同样从实验结果可以看出，"文本+音频+视频"最有利于大学生数字化学习中迁移成绩的提高，其次为"文本"和"文本+视频"，而"文本+音频"不利于大学生迁移成绩的提高。

实验结果验证了实验假设二："文本+视频"的设置比"文本+音频"的设置更有利于提升学习效果；部分验证了实验假设一和实验假设三。但就总体效果而言，三个实验假设都被验证。

总体而言，在大学生的数字化学习中，"文本+视频"和"文本+音频+视频"是共享控制方式的优先选择，其中"文本+视频"更有利于记忆性的保持成绩的提高，"文本+音频+视频"更有利于侧重融会贯通的迁移成绩的提高。而"文本+音频"则是从大学生学习成绩提高的角度而言，属于不推荐的选项。

从本实验主观评定结果可以看出，共享控制类型对于学习心理努力程度、学习材料可用性均无明显主效应，只在学习材料感知难度方面存在明显主效应。说明不同的共享控制设置主要影响大学生的内在认知负荷，而对于外在认知负荷和相关认知负荷无明显影响。说明对于大学生而言，"文本+视频"的感知难度较小，对"文本+音频+视频"的感知难度最小。

（五）结论

第一，共享控制对大学生的数字化学习效果有明显影响。

第二，在数字化学习中，"文本+视频"最有利于大学生保持成绩的提高，"文本"不利于大学生保持成绩的提高。

第三，在数字化学习中，"文本+音频+视频"最有利于大学生迁移成绩的提高，其次为"文本+视频"和"文本"的设置，"文本+音频"的设置不利于大学生迁移成绩的提高。

第四，共享控制对大学生的内在认知负荷有一定影响，而对于外在认知负荷和相关认知负荷无明显影响。

第五，"文本+视频"设置下大学生的内在认知负荷适中，"文本+音频+视频"设置下大学生的内在认知负荷最低。

二、实验 5：中学生共享控制实验

（一）目的与假设

本实验旨在探索不同共享控制对中学生数字化学习效果的影响。围绕上述问题并依据前文中的研究假设，初步提出以下假设：第一，"文本+视频"的设置比"文本"设置更有利于提高学习效果；第二，"文本+视频"的设置比"文本+音频"的设置更有利于提升学习效果；第三，"文本+音频+视频"设置方式下学习效果最佳。

（二）实验方法

1. 被试

从某中学初三年级学习者中随机抽取 182 名学习者作为被试，被试年龄 $M=15.04$，$SD=0.895$，所有被试视力或矫正视力正常，无色盲色弱，均具备一定的数字化学习能力，能熟练使用计算机进行学习与作答。剔除先前知识问卷得分过高、作答信息不全者 25 人，最终有效实验人数 157 人。

2. 实验设计

本实验采用单因素共享控制方式的完全随机实验设计。因变量为学习之后的保持测验和迁移测验，以及主观评定分数：学习材料感知难度评定、学习心理努力程度评定、学习材料可用性评定。

3. 实验材料

实验材料包括数字化学习材料和数字化测试材料，其中测试材料包括先前知识问卷、保持测试、迁移测试和主观评定量表。所有实验材料及测试材料均在计算机上呈现，不包含任何纸质材料。

（1）数字化学习材料

学习材料以 PPT 的形式呈现，实验材料的内容来自国家开放大学网站关于脑科学知识的学习资源《复杂的神经系统》，主要讲授了人体神经系统的构成，包括中枢神经系统（大脑和脊髓）的构成和周围神经系统的构成的关系等内容。根据实验设计，学习材料被分为 4 个版本，分别为"文字"单选项版、"文字+音频"双选项版、"文字+视频"双选项版和"文字+音频+视频"三选项版。其中"文字"版作为实验的控制组，学习材料仅为文字材料，没有其他形式的学习材料供学习者选择；"文字+音频"版提供内容相同但呈现形式分别为文字和音频；类似地，"文字+视频"版提供内容相同但呈现形式分别为文字和视频；而"文字+音频+视频"版则提供给学习者内容相同但呈现形式分别为文字、音频和视频三种类别的学习材料。所有学习材料均通过 PPT 链接的形式打开。

（2）先前知识问卷

先前知识问卷主要考察被试关于本实验中数字化学习内容的熟知情况。本实验先前知识问卷共有 5 道题客观问答题：第一题为"你了解大脑的神经系统吗？"有"完全不了解""不了解""不确定""了解""非常了解" 5 个选项，分别计分为 0—4 分；第二题为："你了解中枢神经系统的功能吗？"选项和计分方式同第一题；第三题为"你了解周围神经系统的功能吗？"选项和计分方式同第一题；第四题为"你了解大脑的各构成部分的分工吗？"选项和计分方式同第一题；第五题为"你了解如何保护大脑吗？"选项和计分方式同第一题，总计 20 分。

（3）保持测试和迁移测试

保持测试包括 6 个填空题（13 分）和 4 个判断题（4 分），共 17 分；迁移测试包括 4 个选择题，共 4 分。

（4）主观评定量表

同实验 1。

4．实验程序

本实验在某中学机房进行，每位被试配备一台计算机和一副耳机。学习者自主选择计算机，并以列为单位将学习者随机分为 4 个小组。然后由主试向被试讲解并演示实验过程，向被试说明实验的基本内容、程序及相关要求，确保每位被试能够清晰理解主试指导语。告知被试本实验要学习一段关于神经系统的材料，学习之后需要回答相关问题，要求学习者认真、独立完成学习内容并回答相关问题。同时利用机房控制系统向被试分发测试材料，宣读完指导语之后要求被试打开 PPT 测试材料，点击 PPT 左上部位的"启用内容"（启用 PPT 中的所有控件功能），之后在 PPT 全屏放映状态下开始实验。首先完成"先前知识问卷"，然后开始学习视频内容，学习时间限定为不超过 10 分钟。学习结束后，要求学习者关闭学习材料，依次完成保持测试、迁移测试及三个主观评定问题，整个实验控制在 30 分钟以内。实验数据采用 SPSS22.0 软件进行处理与分析。

（三）结果与分析

参与实验的被试共计 182 名被随机分为 4 组："文本"组、"文本+音频"组、"文本+视频"组和"文本+音频+视频"组。对四组被试后测问卷的保持成绩和迁移成绩的描述统计结果如表 6-22 所示。

表 6-22　四组被试后测成绩的平均值（M）与标准差（SD）

共享控制类型	保持成绩		迁移成绩	
	M	SD	M	SD
文本	20.55	7.135	4.38	2.308
文本+音频	18.55	9.159	4.70	1.951
文本+视频	19.85	7.765	4.62	2.561
文本+音频+视频	15.55	7.792	4.58	2.262

为了检测不同组别之间保持成绩和迁移成绩有无显著差异，对 4 组后测问卷的保持成绩和迁移成绩进行单因素方差分析，结果如表 6-23 所示。共享控制类型对于被试保持测试的主效应显著，$F(3,153)=2.708$，$p=0.047<0.05$；共享控制类型对于被试迁移测试的主效应不显著。

表 6-23　四组被试后测成绩的方差分析

成绩差值类别	平方和	df	均方	F	显著性
保持成绩差值	516.429	3	172.143	2.708	0.047
迁移成绩差值	2.39	3	0.797	0.153	0.928

如表 6-24 所示，在进一步的多重比较中发现，"文本"组与"文本+音频+视频"组之间的保持成绩存在十分显著的差异（$I-J=-5.005$，$p=0.007<0.01$）；"文本+视频"组与"文本+音频+视频"组之间的保持成绩存在显著的差异（$I-J=-4.298$，$p=0.027<0.05$）。各共享控制类型保持成绩均值分布如图 6-7 所示。

表 6-24　四组被试保持成绩的多重比较

因变量		保持成绩	
		I-J	p
文本	文本+音频	2.003	0.245
	文本+视频	0.707	0.683
	文本+音频+视频	5.005*	0.007
文本+音频	文本	-2.003	0.245
	文本+视频	-1.296	0.471
	文本+音频+视频	3.002	0.118
文本+视频	文本	-0.707	0.683
	文本+音频	1.296	0.471
	文本+音频+视频	4.298*	0.027
文本+音频+视频	文本	-5.005*	0.007
	文本+音频	-3.002	0.118
	文本+视频	-4.298*	0.027

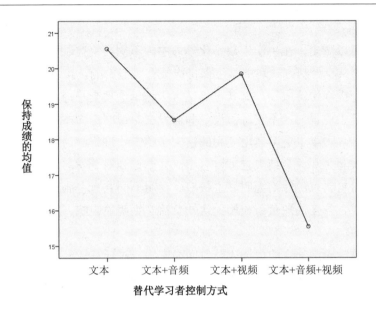

图 6-7　不同组别保持成绩的均值分布

由前文的分析及图 6-7 可以看出，"文本"组保持成绩的均值最高，其次为"文本+视频"组，之后是"文本+音频"组。可见，在数字化学习资源的共享控制选项的设置中，"文本"组及"文本+视频"组的设置有利于中学生数字化学习中保持成绩的提高，尤其是"文本"组最有利于中学生保持成绩的提高。相较而言，"文本+音频+视频"组不利于中学生数字化学习保持成绩的提高。

对不同组别的三项主观评定结果进行描述性统计，结果如表 6-25 所示。

表 6-25　四组被试主观评定分数的平均值（M）与标准差（SD）

共享控制类型	学习材料感知难度		学习心理努力程度		学习材料可用性	
	M	SD	M	SD	M	SD
文本	6.04	1.841	6.85	1.956	5.15	2.350
文本+音频	5.88	2.078	6.63	2.227	5.03	2.224
文本+视频	5.59	1.956	6.38	2.147	4.90	2.573
文本+音频+视频	6.45	1.804	6.45	2.047	5.39	2.246

对不同组别的三项主观评定结果进行方差分析结果如表 6-26 所示，共享控制方式对学习材料感知难度、学习心理努力程度、学习材料可用性的主效应均不显著。

表 6-26　四组被试主观评定分数的方差分析

主观评定项目	平方和	df	均方	F	显著性
学习材料感知难度	13.438	3	4.479	1.208	0.309
学习心理努力程度	5.479	3	1.826	0.417	0.741
学习材料可用性	4.492	3	1.497	0.27	0.847

（四）讨论

从实验结果可以看出，在中学生数字化学习中，不同共享控制方式对迁移成绩的提高影响不明显；不同共享控制方式对中学生保持成绩有明显影响，其中"文本"和"文本+视频"有利于中学生提高保持成绩，尤其是"文本"的单选项交互控制方式。

实验结果验证了假设二，不支持假设一和假设三。说明在文本、音频和视频三种不同材质的学习材料中，中学生更习惯用使用阅读文字的方式进行学习。

此外，从本实验主观评定结果也可以看出，共享控制对于学习材料感知难度、学习心理努力程度、学习材料可用性均无明显主效应。说明不同共享控制选项的设置，并未对中学生内在认知负荷、外在认知负荷和相关认知负荷产生明显影响。

（五）结论

第一，共享控制对中学生的保持成绩有明显影响，对迁移成绩无明显影响。

第二，在数字化学习中，"文本"最有利于中学生保持成绩的提高，"文本+音频+视频"不利于中学生保持成绩的提高。

第三，共享控制对中学生的内在认知负荷、外在认知负荷和相关认知负荷均无明显影响。

三、实验6：小学生共享控制实验

（一）目的与假设

本实验旨在探索不同共享控制对小学生数字化学习效果的影响。围绕上述问题并依据前文中的研究假设，初步提出以下假设：第一，"文本+视频"的设置比"文本"设置更有利于小学生提高学习效果；第二，"文本+视频"的设置比"文本+音频"的设置更有利于小学生提升学习效果；第三，"文本+音频+视频"设置方式下小学生学习效果最佳。

（二）实验方法

1. 被试

从某小学五、六年级随机抽取289名小学生作为被试，所有被试视力或矫正视力正常，无色盲色弱，均具备一定的数字化学习能力，能熟练使用计算机进行学习与作答。剔除先前知识问卷得分过高、作答信息不全者38人，最终有效实验人数251人，有效被试年龄 M=11.39，SD=0.983。

2. 实验设计

本实验采用单因素完全随机实验设计，其中自变量为共享控制方式，分为四个水平：文本、文本+音频、文本+视频、文本+音频+视频；因变量为学习效果（保持测验、迁移测验）和学习者主观评定分数（学习材料感知难度评定、学习心理努力程度评定、学习材料可用性评定）。

3. 实验材料

实验材料包括数字化学习材料和数字化测试材料，其中测试材料包括先前知识问卷、保持测试、迁移测试和主观评定量表。所有实验材料及测试材料均在计算机上呈现，不包含任何纸质材料。

（1）数字化学习材料

实验材料的内容来自国家开放大学网站关于脑科学知识的学习资源《海洋文化》，是关于海洋文化的学习资源，主要讲述了海洋信仰、海洋禁忌、海葬、海洋文学和电影等内容。依据系统为学习者提供学习材料的种类，实验材料被分为 4 个版本：分别为"文字"单选项版、"文字+音频"双选项版、"文字+视频"双选项版和"文字+音频+视频"三选项版。其中"文本"版中，系统为学习者提供了唯一选项——文字形式的学习材料；"文字+音频"版中系统为学习者提供了内容相同但表现形式不同的两种学习材料（文字材料和音频材料）供学习者选择；类似地，"文字+视频"版中系统提供了文字材料和视频材料；而"文字+音频+视频"版中系统则提供给学习者呈现形式不同的三种选项：文字、音频和视频的学习材料。所有学习材料均可通过 PPT 链接的形式打开。

（2）先前知识问卷

先前知识问卷主要考查被试关于本实验中数字化学习内容的熟知情况。本实验先前知识问卷共有 5 道题客观问答题，如"你了解海洋信仰吗？"，有"完全不了解""不了解""不确定""了解""非常了解" 5 个选项，分别计分为 0—4 分，总计 20 分。

（3）保持测试和迁移测试

保持测试主要考察学习者对学习内容的记忆、保持与再认知能力。本实验的保持测验题目包括 4 道选择题（8 分）和 5 道判断题（10 分），共 18 分，选择题如"世界各地不同民族所信仰崇拜的海神不包括（　　　）"，选项有"波塞冬、妈祖、海龙王、湿婆"；判断正误题如"当前中国南方部分地域开始流传海葬，逐渐开始成为一种习俗"，有"正确"和"错误"两个选项；迁移测试主要考察学习者对学习内容的理解及解决新情境中相关问题的能力。本实验的迁移测试包括选择题和判断题共五道，共 10 分，判断正误题如"海葬有利于节约土地、发展经济，有利于移风易俗，有利于社会主义精神文明建设"，有"正确"和"错误"两个选项。

（4）主观评定量表

同实验 1。

4. 实验程序

本实验在某小学机房进行，每位被试配备一台计算机和一副耳机。学习者自主选择计算机位置，并以列为单位将学习者随机分为 4 个小组。然后由主试讲解、演示实验过程，向被试说明实验的基本内容、程序及相关要求，确保每位被试能够清晰理解主试指导语。之后要求被试打开实验材料 PPT 文档，点击 PPT 左上部位的"启用内容"（启用 PPT 中的所有控件功能），在 PPT 全屏放映状态下开始实验。实验开始后，首先完成"先前知识问卷"，然后开始学习相关材料内容，学习时间限定为 10 分钟。学习结束后，要求学习者关闭所有学习材料，完成三个主观评定问题、保持测试题目及迁移测试题目，整个实验控制在 30 分钟以内完成。实验数据采用 SPSS22.0 软件进行处理与分析。

（三）结果与分析

参与实验的被试共计 289 名被随机分为 4 组："文本"组、"文本+音频"组、"文本+视频"组和"文本+音频+视频"组，对4组被试后测问卷的保持成绩和迁移成绩的描述统计结果如表6-27所示。

表6-27　四组被试后测成绩的平均值（M）与标准差（SD）

共享控制类型	保持成绩		迁移成绩	
	M	SD	M	SD
文本	9.64	4.251	4.89	2.146
文本+音频	9.62	3.726	5.29	2.179
文本+视频	11.23	3.942	4.91	2.174
文本+音频+视频	11.66	3.528	5.26	2.018

为了检测不同组别之间保持成绩和迁移成绩有无显著差异，对4组后测问卷的保持成绩和迁移成绩进行单因素方差分析，结果如表6-28所示。

表6-28　四组被试后测成绩的方差分析

成绩差值类别	平方和	df	均方	F	显著性
保持成绩差值	215.956	3	71.985	4.831	0.003
迁移成绩差值	9.080	3	3.027	0.668	0.573

由表6-28可以看出，共享控制类型对于被试保持测试的主效应十分显著，$F(3,247)=4.831$，$p=0.003<0.01$；共享控制类型对于被试迁移测试的主效应不显著，$F(3,247)=0.668$，$p=0.573$。说明共享控制类型的差异对保持成绩有特别明显的影响，对迁移成绩无明显影响。

在进一步的多重比较中发现，"文本"组与"文本+视频"组之间的保持成绩存在显著差异（$I-J=-1.589$，$p=0.026<0.05$）（如表6-29所示）；"文本"与"文本+音频+视频"之间的保持成绩存在十分显著的差异（$I-J=-2.022$，$p=0.004<0.01$）；"文本+音频"组与"文本+视频"组之间的保持成绩存在显著差异（$I-J=-1.610$，$p=0.021<0.05$）"文本+音频"组与"文本+音频+视频"组之间的保持成绩存在十分显著的差异（$I-J=-2.044$，$p=0.003<0.01$）。

表6-29　四组被试后测成绩的多重比较

因变量		保持成绩		迁移成绩	
		I–J	p	I–J	p
文本	文本+音频	0.022	0.975	−0.409	0.277
	文本+视频	−1.589*	0.026	−0.027	0.945
	文本+音频+视频	−2.022*	0.004	−0.376	0.322
文本+音频	文本	−0.022	0.975	0.409	0.277
	文本+视频	−1.610*	0.021	0.382	0.319
	文本+音频+视频	−2.044*	0.003	0.033	0.93
文本+视频	文本	1.589*	0.026	0.027	0.945
	文本+音频	1.610*	0.021	−0.382	0.319
	文本+音频+视频	−0.433	0.537	−0.349	0.367
文本+音频+视频	文本	2.022*	0.004	0.376	0.322
	文本+音频	2.044*	0.003	−0.033	0.93
	文本+视频	0.433	0.537	0.349	0.367

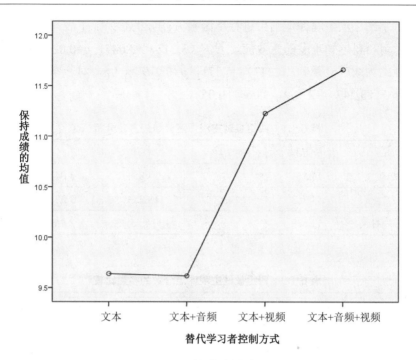

图 6-8 不同组别保持成绩的均值分布

各共享控制类型保持成绩均值分布如图 6-8 所示。由前文的分析及图 6-8 可以看出，"文本+音频+视频"组保持成绩的均值略高于"文本+视频"组，且两者明显高于其他两个组；"文本+音频"组保持成绩的均值略低于文本组。

可见，在数字化学习资源的共享控制选项的设置中，"文本+视频"组及"文本+音频+视频"组的设置有利于小学生数字化学习中保持成绩的提高，其中"文本+音频+视频"最有利于小学生保持成绩的提高。

可见，总体而言，在数字化学习资源的共享控制选项的设置中，"文本+音频+视频"的设置最有利于小学生数字化保持成绩的提高，其次为"文本+视频"的设置，"文本"和"文本+音频"的设置不利于小学生保持成绩的提高。

对不同组别的三项主观评定结果进行描述性统计，结果如表 6-30 所示。

表 6-30 四组被试主观评定分数的平均值（M）与标准差（SD）

共享控制类型	学习材料感知难度		学习心理努力程度		学习材料可用性	
	M	SD	M	SD	M	SD
文本	4.9	2.158	6.67	2.196	4.87	2.623
文本+音频	5.56	2.384	5.59	2.267	4.44	2.5
文本+视频	4.77	2.163	5.61	2.505	3.91	2.047
文本+音频+视频	4.43	2.099	5.55	2.345	3.85	2.38

对不同组别的三项主观评定结果进行单因素方差分析结果如下表 6-31 所示，共享控制类型对于学习材料感知难度的主效应显著 $F(3,247)=3.047$，$p=0.029<0.05$，对于学习心理努力程度的主效应显著 $F(3,247)=3.371$，$p=0.019>0.05$，对于学习材料可用性存在边缘显著差异 $F(3,247)=2.469$，$0.063>0.05$。

表 6-31　四组被试主观评定分数的方差分析

主观评定项目	平方和	df	均方	F	显著性
学习材料感知难度	44.561	3	14.854	3.047	0.029
学习心理努力程度	54.763	3	18.254	3.371	0.019
学习材料可用性	42.839	3	14.28	2.469	0.063

表 6-32　四组被试主观评定分数的多重比较

因变量		学习材料感知难度		学习心理努力程度		学习材料可用性	
		$I-J$	p	$I-J$	p	$I-J$	p
文本	文本+音频	-0.657	0.093	1.084*	0.009	0.428	0.314
	文本+视频	0.13	0.75	1.058*	0.014	0.957*	0.032
	文本+音频+视频	0.471	0.233	1.118*	0.008	1.023*	0.018
文本+音频	文本	0.657	0.093	-1.084*	0.009	-0.428	0.314
	文本+视频	0.787*	0.048	-0.026	0.951	0.529	0.222
	文本+音频+视频	1.128*	0.004	0.034	0.932	0.595	0.155
文本+视频	文本	-0.13	0.75	-1.058*	0.014	-0.957*	0.032
	文本+音频	-0.787*	0.048	0.026	0.951	-0.529	0.222
	文本+音频+视频	0.341	0.395	0.06	0.887	0.066	0.088
文本+音频+视频	文本	-0.471	0.233	-1.118*	0.008	-1.023*	0.018
	文本+音频	-1.128*	0.004	-0.034	0.932	-0.595	0.155
	文本+视频	-0.341	0.395	-0.06	0.887	-0.066	0.88

在学习材料感知难度各组间的多重比较中发现，"文本"组与"文本+音频"组存在边缘显著性差异（$I-J=-0.657$，$p=0.093$）（如表 6-32 所示），"文本+音频"组与"文本+视频"组存在显著差异（$I-J=0.787$，$p=0.048<0.05$），"文本+音频"组与"文本+音频+视频"组存在十分显著的差异（$I-J=1.128$，$p=0.004<0.01$）。各分组学习材料感知难度均值分布如图 6-9 所示。由上述分析及图 6-9 可以得知，"文本+音频"组设置的感知难度最高，其次为"文本"设置，"文本+音频+视频"设置方式的感知难度最低。

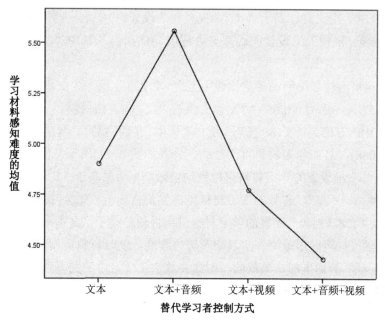

图 6-9　不同组别学习材料感知难度的均值分布

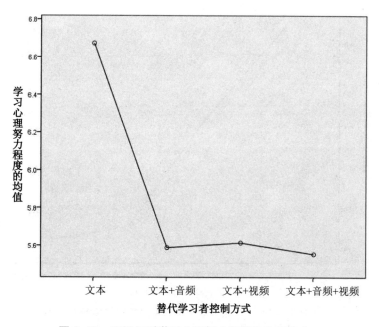

图 6-10　不同组别学习心理努力程度的均值分布

在学习心理努力程度各组间的多重比较中发现，"文本"组与"文本+音频"组存在十分显著的差异（$I-J$=1.084，p=0.009＜0.01），"文本"组与"文本+视频"组存在显著差异（$I-J$=1.058，p=0.014＜0.05）；"文本"组与"文本+音频+视频"组存在十分显著的差异（$I-J$=1.118，p=0.008＜0.01）。各组学习心理努力程度均值分布如图 6-10 所示。由上述分析及图 6-10 可以得知，"文本"设置的心理努力程度均值最高，明显高于"文本+音频"组及

"文本+音频+视频"组设置、高于"文本+视频"的设置。"文本+音频"组、"文本+视频"组及"文本+音频+视频"组设置的心理努力程度均值相当，其中"文本+音频+视频"组最低。

在学习材料可用性各组间的多重比较中发现，"文本"组与"文本+视频"组存在显著差异（$I-J$=0.957，p=0.032＜0.05）；"文本"组与"文本+音频+视频"组存在显著差异（$I-J$=1.023，p=0.018＜0.05），"文本+视频"组与"文本+音频+视频"组存在边缘显著差异（$I-J$=0.066，p=0.088）。各组学习材料可用性均值分布如图6-11所示。由上述分析及图6-11可以得知，"文本"组设置的学习材料可用性均值最高，明显高于"文本+音频+视频"组设置，亦高于其他两组；文本+音频的学习材料可用性均值高于"文本+视频"及"文本+音频+视频"组设置，"文本+视频"设置的学习材料可用性均值高于"文本+音频+视频"组设置。

可见，在学习材料感知难度、学习心理努力程度、学习材料可用性三项主观评定中，"文本+音频+视频"的均值都是最低的，因此在数字化学习中的共享控制方式设置中，"文本+音频+视频"的设置方式同时有利于降低高年级小学生的内在认知负荷、外在认知负荷和相关认知负荷，是这4种方式中的首选。

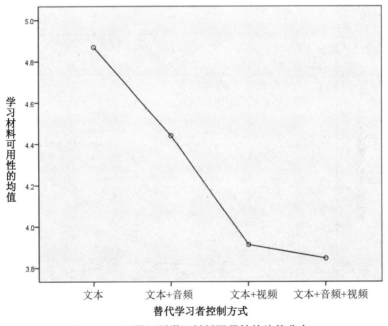

图6-11　不同组别学习材料可用性的均值分布

（四）讨论

从实验结果可以看出，共享控制对小学生的数字化学习保持成绩有显著影响。其中"文本+音频+视频"有利于小学生的保持成绩的提高，其次为"文本+视频"。相较而言，"文本"和"文本+音频"不利于小学生保持成绩的提高；同样从实验结果可以看出，几种共享控制方式对小学生迁移成绩影响不明显。

实验结果充分验证了假设一、假设二和假设三，即："文本+视频"的设置比"文本"

设置更有利于小学生提高学习效果;"文本+视频"的设置比"文本+音频"的设置更有利于小学生提升学习效果;"文本+音频+视频"设置方式下小学生学习效果最佳。

从本实验主观评定结果可以看出,共享控制类型对于学习心理努力程度、学习材料感知难度主效应均显著,对学习材料可用性也存在边缘性显著效应。说明不同的共享控制设置主要影响学习者的内在认知负荷和相关认知负荷,对于外在认知负荷也有一定影响。

(五)结论

第一,共享控制对小学生数字化学习中的保持成绩有明显影响,对迁移成绩无明显影响。

第二,在数字化学习中,"文本+音频+视频"最有利于小学生保持成绩的提高,"文本"不利于小学生保持成绩的提高。

第三,共享控制对小学生的内在认知负荷和相关认知负荷均有明显影响,对外在认知负荷也有一定影响。

第四,"文本"设置有利于提高小学生的相关认知负荷,"文本+音频+视频"的设置方式有利于降低高年级小学生的相关认知负荷。

四、本节讨论

通过上述实验数据及相关分析,可以看出,共享控制对大、中、小学生的数字化学习效果有不同的影响(如表6-33所示):不同共享控制方式对大学生的保持成绩与迁移成绩均有显著影响,对中学生的保持成绩有明显影响,而对中学生的迁移成绩无显著影响,对小学生的保持成绩有十分明显的影响,对小学生的迁移成绩无明显影响。具体而言,从前文分析可以看出,共享控制对不同年龄学习者的保持成绩有不同的影响,其中对大学生和中学生的保持成绩有明显影响,对小学生的保持成绩有十分明显的影响。

表 6-33　不同年龄学习者后测成绩方差分析显著效应统计

年龄阶段	保持成绩	迁移成绩	感知难度	努力程度	可用性
大学生	显著	显著	边缘显著	不显著	不显著
中学生	显著	不显著	不显著	不显著	不显著
小学生	十分显著	不显著	显著	显著	边缘显著

通过实验还发现,不同年龄学习者的最佳共享控制方式有所不同,在保持成绩方面,"文本+视频"双选项的设置最有利于大学生的数字化学习保持成绩的提高,"文本"更有利于中学生保持成绩的提高,"文本+音频+视频"更有利于小学生反馈后保持成绩的提高。如表6-34所示。

表 6-34　不同年龄学习者最佳交互控制方式

交互控制方式	大学生		中学生		小学生	
	保持成绩	迁移成绩	保持成绩	迁移成绩	保持成绩	迁移成绩
文本	—	—	√	—	—	—
文本+音频	—	—	—	—	—	—
文本+视频	√	—	—	—	—	—
文本+音频+视频	—	√	—	—	√	—

在迁移成绩方面，共享控制只有对大学生的迁移成绩具有显著效应，对中学生和小学生的迁移成绩没有明显影响，从表6-34中可以看出，"文本+音频+视频"最有利于大学生的数字化学习的反馈后保持成绩的提高。

在认知负荷方面，如表6-35所示，共享控制对大、中学生的学习心理努力程度、学习材料感知难度、学习材料可用性的主效应大多不明显，只有对大学生学习心理努力程度的主效应有边缘性显著影响；共享控制对小学生的学习心理努力程度和学习材料感知难度存在明显影响，对小学生学习材料可用性存在边缘性显著影响。说明共享控制对大学生的外在认知负荷、相关认知负荷，以及中学生的内在认知负荷、外在认知负荷、相关认知负荷均无明显影响，对小学生的内在认知负荷、相关认知负荷有明显影响，对大学生的内在认知负荷和小学生的外在认知负荷有一定影响。

表6-35　不同年龄学习者的最低认知负荷交互控制方式

交互控制方式	大学生			中学生			小学生		
	感知难度	努力程度	可用性	感知难度	努力程度	可用性	感知难度	努力程度	可用性
文本	—	—	—	—	—	—	—	—	—
文本+音频	—	—	—	—	—	—	—	—	—
文本+视频	—	—	—	—	—	—	—	—	—
文本+音频+视频	√	—	—	—	—	—	√	√	√

五、本节结论

第一，共享控制对大、中、小学生的保持成绩均有明显影响。

第二，共享控制对大学生的迁移成绩有明显影响，对中、小学生的迁移成绩无明显影响。

第三，"文本+视频"最有利于大学生的数字化学习保持成绩的提高，其次为"文本+音频+视频""文本"和"文本+音频"不利于大学生保持成绩的提高；"文本"最有利于中学生保持成绩的提高，其次为"文本+视频""文本+音频+视频"最不利于中学生保持成绩的提高；"文本+音频+视频"最有利于小学生保持成绩的提高，其次为"文本+视频""文本"和"文本+音频"均不利于小学生保持成绩的提高。

第四，"文本+音频+视频"最有利于大学生的数字化学习的迁移成绩的提高。

第五，共享控制对大学生的外在认知负荷、相关认知负荷，以及中学生的内在认知负荷、外在认知负荷、相关认知负荷均无明显影响，对小学生的内在认知负荷、相关认知负荷有明显影响，对大学生的内在认知负荷和小学生的外在认知负荷有一定影响。

第六，"文本+音频+视频"的设置方式有利于降低大学生的内在认知负荷。

第七，"文本"设置有利于提高小学生的相关认知负荷，"文本+音频+视频"的设置方式有利于降低高年级小学生的相关认知负荷。

第三节　内容反馈实验

一、实验 7：大学生内容反馈实验

（一）目的与假设

本实验旨在探索数字化学习中不同内容反馈形式的交互对大学本科生学习效果的影响。围绕上述问题并依据前文中的研究假设，初步提出以下假设：第一，"纠正性反馈"比"无反馈"更有利于大学生提高学习效果；第二，"答案性反馈"比"无反馈"更有利于大学生提升学习效果；第三，"解释性反馈"设置方式下大学生的学习效果最佳。

（二）实验方法

1. 被试

从某大学各专业三年级学习者中随机抽取 245 名本科生作为被试，被试年龄 $M=21.16$，$SD=1.057$，所有被试视力或矫正视力正常，无色盲色弱，均具备一定的数字化学习能力，能熟练使用计算机进行学习与作答。剔除先前知识问卷得分过高、作答信息不全者 20 人，最终有效实验人数 225 人。

2. 实验设计

本实验采用单因素交互控制方式（无反馈、纠正性反馈、答案性反馈、解释性反馈）的完全随机实验设计。因变量为学习之后的保持测试和迁移测试，以及主观评定：学习材料感知难度评定、学习心理努力程度评定、学习材料可用性评定。

3. 实验材料

实验材料包括数字化学习材料和数字化测试材料，其中测试材料包括先前知识问卷、保持测试、迁移测试和主观评定量表。所有实验材料及测试材料均在计算机上呈现，不包含任何纸质材料。

（1）数字化学习材料

实验材料以 PPT 的形式呈现，实验材料的内容为地理类科普知识《厄尔尼诺现象》，主要是对厄尔尼诺现象产生原理的介绍。材料以文字的形式呈现，不同组别的后测题目的设置方式分别为：无反馈、纠正性反馈、答案性反馈和解释性反馈。其中"无反馈"组作为实验的控制组，其后测题目没有任何题目解答信息的反馈；"纠正性反馈"组的后测题目答案选项被点击后，当选择正确时系统会弹出对话框显示"恭喜你！选择正确！"选择错误则弹出对话框显示"选择错误！继续努力！""答案性反馈"组的后测题目答案选项被点击后，当选择正确时系统会弹出对话框显示"恭喜你！选择正确！"选择错误则弹出对话框显示"选择错误！继续努力！"同时显示正确答案是哪一项；"解释性反馈"组后测题目的答案选项被点击后，当选择正确时系统会弹出对话框显示"恭喜你！选择正确！"选择错误则弹出对话框显示"选择错误！继续努力！"同时显示正确答案是哪一项以及如此选择的理由。

为防止被试在答题过程中看到"答案性反馈"结果后修改答题结果，则在每个题目的每个选项控件中均添加类似下列 VBA 语言命令：

```
"Private Sub OptionButton4_Click()
OptionButton1.Locked = True
OptionButton2.Locked = True
OptionButton3.Locked = True
OptionButton4.Locked = True
End Sub"
```

在"纠正性反馈"组的题目选项控件中分别添加类似下列 VBA 语言命令：

```
"Private Sub OptionButton4_Click()
MsgBox "恭喜你！选择正确！", vbOKOnly
End Sub"
```

或

```
"Private Sub OptionButton4_Click()
MsgBox "选择错误！继续努力", vbOKOnly
End Sub"
```

"答案性反馈"和"解释性反馈"后测题目选项控件中所添加的 VBA 语言命令与"纠正性反馈"组类似。

（2）先前知识问卷

先前知识问卷主要考察被试关于本实验中数字化学习内容的熟知情况。本实验先前知识问卷共有 5 道题客观问答题：第一题为"你对'厄尔尼诺现象'的相关知识了解多少？"有"完全不了解""不了解""不确定""了解""非常了解" 5 个选项，分别计分为 0—4 分；第二题为"你对'沃克环流'的原理了解多少？"选项和计分方式同第一题；第三题为"您的大学专业和地理相关吗？"有"不相关""相关"两个选项，分别计分为 0 分和 1 分；第四题为"有些年份，赤道附近太平洋（　　）的海面温度异常（　　），这种现象被称为厄尔尼诺现象。"有"中西部、降低""中西部、升高""中东部、降低""中东部、升高" 4 个选项；第五题为"厄尔尼诺现象发生后，赤道附近的太平洋东部容易引发（　　），西部容易引发（　　）"，有"台风、火灾""洪涝灾害、旱灾""火灾、台风""旱灾、洪涝灾害" 4 个选项。第四题和第五题选择正确计 1 分，选择错误计 0 分。总计 11 分。

（3）保持测试和迁移测试

保持测试包括 3 个填空题（3 分）和 5 个判断题（5 分），共 8 分；迁移测试包括 5 个选择题（5 分）和 3 个判断题（3 分），共 8 分。

（4）主观评定量表

同实验 1。

4. 实验程序

本实验在某大学机房进行，每位被试配备一台计算机和一副耳机。学习者自主选择计算机，并以列为单位将学习者随机分为 4 个小组。然后由主试向被试讲解并演示实验过程，向被试说明实验的基本内容、程序及相关要求，确保每位被试能够清晰理解主试指导语。

告知被试本实验要学习一段关于厄尔尼诺现象的材料，学习之后需要回答相关问题，要求学习者认真、独立完成学习内容并回答相关问题。同时利用机房控制系统向被试分发测试材料，宣读完指导语之后要求被试打开 PPT 测试材料，点击 PPT 左上部位的"启用内容"（启用 PPT 中的所有控件功能），之后在 PPT 全屏放映状态下开始实验。首先完成"先前知识问卷"，然后开始学习视频内容，学习时间限定为不超过 10 分钟。学习结束后，要求学习者关闭学习材料，依次完成保持测试、迁移测试及三个主观评定问题，整个实验控制在 30 分钟以内。实验数据采用 SPSS22.0 软件进行处理与分析。

（三）结果与分析

参与实验的被试共计 245 名被随机分为 4 组：无反馈、纠正性反馈、答案性反馈、解释性反馈。对 4 组被试后测问卷的保持成绩和迁移成绩的描述统计结果如表 6-36 所示。

表 6-36 四组被试后测成绩的平均值（M）与标准差（SD）

反馈方式	保持成绩		迁移成绩		最终保持成绩		最终迁移成绩	
	M	SD	M	SD	M	SD	M	SD
无反馈	12.71	2.282	10.10	3.289	12.98	2.739	7.83	3.450
纠正性反馈	12.50	2.690	9.92	2.916	11.58	3.475	9.54	4.816
答案性反馈	11.94	3.284	9.79	2.655	11.97	3.275	9.37	4.351
解释性反馈	12.31	3.082	10.51	2.935	12.27	2.885	10.43	4.653

为考查不同反馈方式对数字化学习效果的影响，将反馈之后与反馈之前的后测成绩相减，计算出保持测试和迁移测试的后测成绩差值，并以此作为不同反馈方式对数字化学习效果的最终影响因素，其描述性统计结果如表 6-37 所示。

表 6-37 不同组别后测成绩差值的平均值（M）与标准差（SD）

反馈方式	保持成绩差值		迁移成绩差值	
	M	SD	M	SD
无反馈	0.27	2.766	−2.27	4.193
纠正性反馈	−0.92	3.956	−0.38	4.945
答案性反馈	0.03	4.097	−0.42	4.768
解释性反馈	−0.04	3.826	−0.08	4.833

为了检测不同组别之间保持成绩差值和迁移成绩差值有无显著差异，对不同组别的保持成绩和迁移成绩进行单因素方差分析，结果如表 6-38 所示。

表 6-38 四组被试后测成绩差值的方差分析

成绩差值分别	平方和	df	均方	F	显著性
保持成绩差值	41.326	3	13.775	1.008	0.39
迁移成绩差值	172.633	3	57.544	2.629	0.051

由表 6-38 可以看出，反馈方式对保持成绩差值没有明显影响，反馈方式对迁移成绩差

值存在边缘显著性，F（3,221）=2.629，p=0.051，对保持成绩差值的不存在显著性。

表 6-39　四组被试迁移成绩差值的多重比较

因变量		迁移成绩差值	
		$I-J$	p
无反馈	纠正性反馈	−1.896*	0.038
	答案性反馈	−1.853*	0.028
	解释性反馈	−2.193*	0.015
纠正性反馈	无反馈	1.896*	0.038
	答案性反馈	0.043	0.961
	解释性反馈	−0.297	0.753
答案性反馈	无反馈	1.853*	0.028
	纠正性反馈	−0.043	0.961
	解释性反馈	−0.339	0.697
解释性反馈	无反馈	2.193*	0.015
	纠正性反馈	0.297	0.753
	答案性反馈	0.339	0.697

在进一步的多重比较中发现，"无反馈"组与"纠正性反馈"组之间的保持成绩差值存在显著差异（$I-J$=−1.896，p=0.038＜0.05）（如表 6-39 所示）；"无反馈"组与"答案性反馈"组之间的最终迁移成绩差值存在显著差异（$I-J$=−1.853，p=0.028＜0.05）；"无反馈"组与"解释性反馈"组之间的最终迁移成绩差值存在显著差异（$I-J$=−2.193，p=0.015＜0.05）。内容反馈方式迁移成绩差值的均值分布如图 6-12 所示，"解释性反馈"的迁移成绩差值的均值最高，其次为"纠正性反馈"和"答案性反馈"，"无反馈"最低。可见，内容反馈对学习者迁移成绩的提高有明显影响，其中"解释性反馈"最有利于迁移成绩的提高。

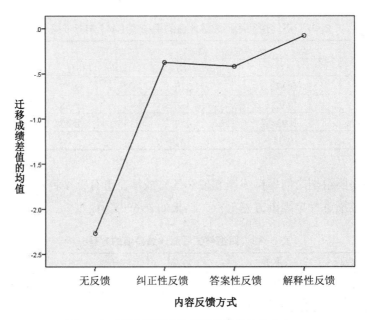

图 6-12　不同组别迁移成绩差值的均值分布

对不同组别的三项主观评定结果进行描述性统计，结果如表 6-40 所示。

对不同组别的三项主观评定结果进行单因素方差分析，结果如表 6-41 所示。可以看出，反馈类型对于学习材料感知难度、学习心理努力程度、学习材料可用性的主效应均不显著。

表 6-40   四组被试主观评定分数的平均值（M）与标准差（SD）

反馈方式	学习材料感知难度		学习心理努力程度		学习材料可用性	
	M	SD	M	SD	M	SD
无反馈	5.54	1.568	6.59	1.683	5.29	1.912
纠正性反馈	5.29	1.725	6.50	1.714	5.23	2.195
答案性反馈	5.27	1.274	6.12	1.692	5.10	1.509
解释性反馈	5.55	1.869	6.59	1.734	4.76	1.861

表 6-41   四组被试主观评定分数的方差分析

主观评定项目	平方和	df	均方	F	显著性
学习材料感知难度	4.03	3	1.343	0.526	0.665
学习心理努力程度	9.547	3	3.182	1.096	0.352
学习材料可用性	8.623	3	2.874	0.834	0.477

（四）讨论

从实验结果可以看出，不同内容反馈方式对大学生的数字化学习中的迁移成绩有边缘性显著影响，对保持成绩影响不明显。其中"纠正性反馈""答案性反馈"及"解释性反馈"有利于大学生迁移成绩的提高，"无反馈"不利于迁移成绩的提高。

上述迁移成绩的实验数据，证实了假设一、假设二和假设三。

从本实验主观评定结果可以看出，反馈方式对于学习心理努力程度、学习材料感知难度、学习材料可用性的主效应均不明显。说明不同反馈方式对大学生内外认知负荷、外在认知负荷和相关认知负荷均无明显影响。

（五）结论

第一，在数字化学习中，不同的内容反馈方式对大学生保持成绩无明显影响。

第二，在数字化学习中，"纠正性反馈""答案性反馈""解释性反馈"均有利于大学生迁移成绩的提高，其中"解释性反馈"最有利于迁移成绩的提高，"无反馈"不有利于大学生迁移成绩的提高。

第三，在数字化学习中，不同的内容反馈方式对大学生内在认知负荷、外在认知负荷和相关认知负荷无明显影响。

二、实验 8：中学生内容反馈实验

（一）目的与假设

本实验旨在探索数字化学习中不同内容反馈形式的交互对中学生学习效果的影响。围绕上述问题并依据前文中的研究假设，初步提出以下假设：第一，"纠正性反馈"比"无反馈"更有利于中学生提高学习效果；第二，"答案性反馈"比"无反馈"更有利于中学生提升学习效果；第三，"解释性反馈"设置方式下中学生的学习效果最佳。

（二）实验方法

1. 被试

从某中学初三年级学习者中随机抽取的 219 名中学生作为被试，完整完成了实验，被试年龄 $M=14.96$，$SD=0.855$，所有被试视力或矫正视力，无色盲色弱，均具备一定的数字化学习能力，能熟练使用计算机进行学习与作答。剔除先前知识问卷得分过高、作答信息不全者 29 人，最终有效实验人数 190 人。

2. 实验设计

本实验采用单因素交互控制方式的完全随机实验设计。因变量为学习之后的保持测验和迁移测验，以及主观评定：学习材料感知难度评定、学习心理努力程度评定、学习材料可用性评定。

3. 实验材料

实验材料包括数字化学习材料和数字化测试材料，其中测试材料包括先前知识问卷、保持测试、迁移测试和主观评定量表。所有实验材料及测试材料均在计算机上呈现，不包含任何纸质材料。

（1）数字化学习材料

实验材料以 PPT 的形式呈现，实验材料的内容为地理类科普知识《自然界的水循环》，主要是关于自然界中水循环原理的介绍。材料以文字的形式呈现，不同组别的后测题目的设置方式分别为：无反馈、纠正性反馈、答案性反馈和解释性反馈。其中"无反馈"组作为实验的控制组，其后测题目没有任何题目解答信息的反馈；"纠正性反馈"组的后测题目答案选项被点击后，当选择正确时系统会弹出对话框显示"恭喜你！选择正确！"选择错误则弹出对话框显示"选择错误！继续努力！""答案性反馈"组的后测题目答案选项被点击后，当选择正确时系统会弹出对话框显示"恭喜你！选择正确！"选择错误则弹出对话框显示"选择错误！继续努力！"同时显示正确答案是哪一项；"解释性反馈"组后测题目的答案选项被点击后，当选择正确时系统会弹出对话框显示"恭喜你！选择正确！"选择错误则弹出对话框显示"选择错误！继续努力！"同时显示正确答案是哪一项以及如此选择的理由。

为防止被试在答题过程中看到"答案性反馈"结果后修改答题结果，则在每个题目的每个选项控件中均添加类似下列 VBA 语言命令：

```
"Private Sub OptionButton4_Click()
OptionButton1.Locked = True
  OptionButton2.Locked = True
```

```
        OptionButton3.Locked = True
        OptionButton4.Locked = True
    End Sub"
```

在"纠正性反馈"组的题目选项控件中分别添加类似下列 VBA 语言命令：

```
    "Private Sub OptionButton4_Click()
    MsgBox "恭喜你！选择正确！", vbOKOnly
    End Sub"
```

或

```
    "Private Sub OptionButton4_Click()
    MsgBox "选择错误！继续努力", vbOKOnly
    End Sub"
```

"答案性反馈"和"解释性反馈"后测题目选项控件中所添加的 VBA 语言命令与"纠正性反馈"组类似。

（2）先前知识问卷

先前知识问卷主要考察被试关于本实验中数字化学习内容的熟知情况。本实验先前知识问卷共有 5 道题客观问答题：第一题为"你了解自然界的水循环是怎么回事吗？"有"完全不了解""不了解""不确定""了解""非常了解"5 个选项，分别计分为 0—4；第二题为"你了解海陆间水循环吗？"选项和计分方式同第一题；第三题为"你了解陆地内水循环吗？"选项和计分方式同第一题；第四题为"你了解水循环的海上内循环吗？"选项和计分方式同第一题；第五题为"你了解水循环对于人类生产生活的现实意义吗？"选项和计分方式同第一题，总计 20 分。

（3）保持测试和迁移测试

保持测试包括 5 个选择题（5 分）和 5 个判断题（5 分），共 10 分；迁移测试包括 5 个选择题，共 5 分。

（4）主观评定量表

同实验 1。

4. 实验程序

本实验在某中学机房进行，每位被试配备一台计算机和一副耳机。学习者自主选择计算机，并以列为单位将学习者随机分为 4 个小组。然后由主试向被试讲解并演示实验过程，向被试说明实验的基本内容、程序及相关要求，确保每位被试能够清晰理解主试指导语。告知被试本实验要学习一段关于自然界水循环的材料，学习之后需要回答相关问题，要求学习者认真、独立完成学习内容并回答相关问题。同时利用机房控制系统向被试分发测试材料，宣读完指导语之后要求被试打开 PPT 测试材料，点击 PPT 左上部位的"启用内容"（启用 PPT 中的所有控件功能），之后在 PPT 全屏放映状态下开始实验。首先完成"先前知识问卷"，然后开始学习视频内容，学习时间限定为不超过 10 分钟。学习结束后，要求学习者关闭学习材料，依次完成保持测试、迁移测试及三个主观评定问题，整个实验控制在

30 分钟以内。实验数据采用 SPSS22.0 软件进行处理与分析。

（三）结果与分析

参与实验的被试共计 219 名被随机分为 4 组：无反馈、纠正性反馈、答案性反馈、解释性反馈。对不同组别的保持成绩和迁移成绩进行分析，得到其描述性结果如表 6-42 所示。

表 6-42　四组被试后测成绩的平均值（M）与标准差（SD）

反馈方式	保持成绩		迁移成绩		最终保持成绩		最终迁移成绩	
	M	SD	M	SD	M	SD	M	SD
无反馈	12.17	4.294	4.06	2.351	9.77	5.219	2.80	2.233
纠正性反馈	11.77	3.729	3.65	2.367	11.85	4.207	3.92	2.274
答案性反馈	12.83	4.421	4.13	2.687	12.17	4.421	3.88	2.237
解释性反馈	12.25	3.612	3.67	2.396	13.02	4.403	4.07	2.879

为考察不同反馈方式对数字化学习效果的影响，将反馈之后与反馈之前的后测成绩相减，计算出保持测试和迁移测试的后测成绩差值，并以此作为不同反馈方式对数字化学习效果的最终影响因素，其描述性统计结果如表 6-43 所示。

表 6-43　不同组别后测成绩差值的平均值（M）与标准差（SD）

反馈方式	保持成绩差值		迁移成绩差值	
	M	SD	M	SD
无反馈	−2.4	4.023	−1.26	2.616
纠正性反馈	0.08	3.452	0.27	2.938
答案性反馈	−0.67	5.479	−0.25	3.159
解释性反馈	0.76	4.464	0.4	3.515

为了检测不同组别之间保持成绩差值和迁移成绩差值有无显著差异，对不同组别的保持成绩和迁移成绩差值进行单因素方差分析，结果如表 6-44 所示。从表中可以看出，反馈方式对保持成绩差值主效应显著 $F(3,186)=3.904$，$p=0.01$；对迁移成绩差值主效应具有边缘性显著差异 $F(3,186)=2.357$，$p=0.073$。

表 6-44　四组被试后测成绩差值的方差分析

成绩差值类别	平方和	df	均方	F	显著性
保持成绩差值	229.524	3	76.508	3.904	0.01
迁移成绩差值	68.778	3	22.926	2.357	0.073

表 6-45　四组被试后测成绩差值的多重比较

因变量		保持成绩差值		迁移成绩差值	
		I-J	p	I-J	p
无反馈	纠正性反馈	−2.477*	0.024	−1.526*	0.026
	答案性反馈	−1.733	0.47	−1.007	0.148
	解释性反馈	−3.164*	0.005	−1.657*	0.015

因变量		保持成绩差值		迁移成绩差值	
		$I-J$	p	$I-J$	p
纠正性反馈	无反馈	2.477*	0.024	1.526*	0.026
	答案性反馈	0.744	0.963	0.519	0.407
	解释性反馈	−0.687	0.94	−0.131	0.829
答案性反馈	无反馈	1.733	0.47	1.007	0.148
	纠正性反馈	−0.744	0.963	−0.519	0.407
	解释性反馈	−1.43	0.632	−0.65	0.293
解释性反馈	无反馈	3.164*	0.005	1.657*	0.015
	纠正性反馈	0.687	0.94	0.131	0.829
	答案性反馈	1.43	0.632	0.65	0.293

如表 6-45 所示，在进一步的多重比较中发现，"无反馈"与"纠正性反馈"之间的保持成绩差值存在显著差异（$I-J$=-2.477，p=0.024＜0.05）；"无反馈"与"解释性反馈"之间的保持成绩存在十分显著的差异（$I-J$=-3.164，p=0.005＜0.01）；"纠正性反馈"与"无反馈"之间的迁移成绩差值存在显著的差异（$I-J$=-1.526，p=0.026＜0.05）；"纠正性反馈"与"解释性反馈"之间的迁移成绩差值存在显著的差异（$I-J$=-1.657，p=0.015＜0.05）。

不同组别保持成绩差值的均值分布如图 6-13 所示，从图及前文的分析可知，"解释性反馈"最有利于中学生保持成绩的提高，其次为"纠正性反馈"和"答案性反馈"；不同组别迁移成绩差值的均值分布如图 6-14 所示。类似地，从图及前文的分析可以看出，"解释性反馈"同时也最有利于中学生迁移成绩的提高，其次为"纠正性反馈"和"答案性反馈"。很明显，内容反馈有利于中学生保持成绩和迁移成绩的提高，其中，"解释性反馈"最有利于保持成绩和迁移成绩的提高。

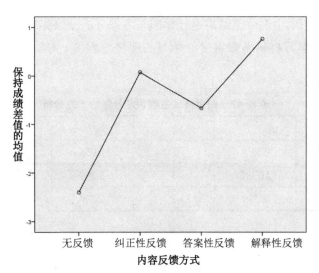

图 6-13 不同组别保持成绩差值的均值分布

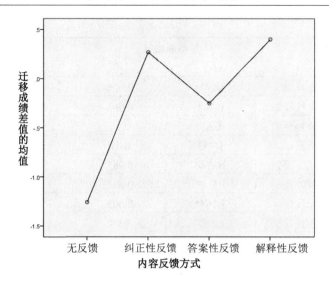

图 6-14　不同组别迁移成绩差值的均值分布

对不同组别的三项主观评定结果进行描述性统计，结果如表 6-46 所示。

表 6-46　四组被试主观评定分数的平均值（M）与标准差（SD）

反馈方式	学习材料感知难度		学习心理努力程度		学习材料可用性	
	M	SD	M	SD	M	SD
无反馈	4.91	1.704	6.69	2.125	5.09	2.215
及时反馈	5.31	1.721	6.56	1.914	4.60	2.395
脚注反馈	5.44	1.923	6.83	2.147	4.54	2.370
结尾反馈	5.29	1.707	7.18	1.690	4.89	2.149

对不同组别的三项主观评定结果进行单因素方差分析结果如表 6-47 所示。可以发现，各组中反馈时间对学习材料感知难度、学习心理努力程度、学习材料可用性主效应均不显著。

表 6-47　四组被试主观评定分数的方差分析

主观评定项目	平方和	df	均方	F	显著性
学习材料感知难度	5.864	3	1.955	0.626	0.599
学习心理努力程度	11.392	3	3.797	0.993	0.397
学习材料可用性	8.339	3	2.78	0.532	0.661

（四）讨论

从实验结果可以看出，反馈方式对中学生的数字化学习中的保持成绩有显著影响，对迁移成绩也有一定影响。"纠正性反馈""答案性反馈"及"解释性反馈"均有利于中学生保持成绩的提高，其中"解释性反馈"最有利于保持成绩的提高，"无反馈"不利于保持成绩的提高。类似地，"纠正性反馈""答案性反馈"及"解释性反馈"均有利于中学生迁移成绩的提高，其中"解释性反馈"最有利于迁移成绩的提高，"无反馈"不利于迁移成绩的提高。

实验结果证实了假设一、假设二和假设三。即"纠正性反馈"比"无反馈"更有利于中学生提高学习效果；"答案性反馈"比"无反馈"更有利于中学生提升学习效果；"解释性反馈"设置方式下，中学生的学习效果最佳。

从本实验主观评定结果可以看出，反馈方式对于学习心理努力程度、学习材料感知难度、学习材料可用性的主效应均不明显。说明不同内容反馈方式对中学生内在认知负荷、外在认知负荷和相关认知负荷均无明显影响。

（五）结论

第一，在数字化学习中，"纠正性反馈""答案性反馈""解释性反馈"均有利于中学生保持成绩的提高，其中"解释性反馈"最有利于学习者保持成绩的提高，其次为"纠正性反馈""无反馈"不利于中学生保持成绩的提高。

第二，在数字化学习资源的内容反馈方式中，"纠正性反馈""答案性反馈""解释性反馈"均有利于中学生迁移成绩的提高，其中"解释性反馈"最有利于学习者保持成绩的提高，其次为"纠正性反馈""无反馈"不利于中学生迁移成绩的提高。

第三，不同内容反馈方式对中学生内在认知负荷、外在认知负荷和相关认知负荷均无明显影响。

三、实验 9：小学生内容反馈实验

（一）目的与假设

本实验旨在探索数字化学习中不同内容反馈形式的交互对小学生学习效果的影响。围绕上述问题并依据前文中的研究假设，初步提出以下假设：第一，"纠正性反馈"比"无反馈"更有利于小学生提高学习效果；第二，"答案性反馈"比"无反馈"更有利于小学生提升学习效果；第三，"解释性反馈"设置方式下小学生的学习效果最佳。

（二）实验方法

1. 被试

从某实验小学五、六年级学习者中随机抽取 286 名学习者作为被试，年龄 $M=11.38$，$SD=1.002$，所有被试视力或矫正视力正常，无色盲色弱，均具备一定的数字化学习能力，能熟练使用计算机进行学习与作答。剔除先前知识问卷得分过高、作答信息不全者 40 人，最终有效实验人数 246 人。

2. 实验设计

本实验采用单因素交互控制方式（无反馈、纠正性反馈、答案性反馈、解释性反馈）的完全随机实验设计。因变量为学习之后的保持测验和迁移测验，以及主观评定：学习材料感知难度评定、学习心理努力程度评定、学习材料可用性评定。

3. 实验材料

实验材料包括数字化学习材料和数字化测试材料，其中测试材料包括先前知识问卷、保持测试、迁移测试和主观评定量表。所有实验材料及测试材料均在计算机上呈现，不包含任何纸质材料。

（1）数字化学习材料

实验材料以 PPT 的形式呈现，实验材料的内容为地理类科普知识《大洋和大洲》，主要是关于地球上大洋和大洲相关知识的介绍。材料以文字的形式呈现，不同组别的后测题目的设置方式分别为：无反馈、纠正性反馈、答案性反馈和解释性反馈。其中"无反馈"组作为实验的控制组，其后测题目没有任何题目解答信息的反馈；"纠正性反馈"组的后测题目答案选项被点击后，当选择正确时系统会弹出对话框显示"恭喜你！选择正确！"选择错误则弹出对话框显示"选择错误！继续努力！""答案性反馈"组的后测题目答案选项被点击后，当选择正确时系统会弹出对话框显示"恭喜你！选择正确！"选择错误则弹出对话框显示"选择错误！继续努力！"同时显示正确答案是哪一项；"解释性反馈"组后测题目的答案选项被点击后，当选择正确时系统会弹出对话框显示"恭喜你！选择正确！"选择错误则弹出对话框显示"选择错误！继续努力！"同时显示正确答案是哪一项以及如此选择的理由。

为防止被试在答题过程中看到"答案性反馈"结果后修改答题结果，则在每个题目的每个选项控件中均添加类似下列 VBA 语言命令：

```
"Private Sub OptionButton4_Click()
OptionButton1.Locked = True
OptionButton2.Locked = True
OptionButton3.Locked = True
OptionButton4.Locked = True
End Sub"
```

在"纠正性反馈"组的题目选项控件中分别添加类似下列 VBA 语言命令：

```
"Private Sub OptionButton4_Click()
MsgBox "恭喜你！选择正确！", vbOKOnly
End Sub"
```

或

```
"Private Sub OptionButton4_Click()
MsgBox "选择错误！继续努力", vbOKOnly
End Sub"
```

"答案性反馈"和"解释性反馈"后测题目选项控件中所添加的 VBA 语言命令与"纠正性反馈"组类似。

（2）先前知识问卷

先前知识问卷主要考察被试关于本实验中数字化学习内容的熟知情况。本实验先前知识问卷共有 5 道题客观问答题：第一题为"你了解地球上的七大洲吗？"有"完全不了解""不了解""不确定""了解""非常了解"5 个选项，分别计分为 0—4 分；第二题为"你了解地球上的四大洋吗？"选项和计分方式同第一题；第三题为"你了解地球上的海陆分布情况吗？"选项和计分方式同第一题；第四题为"你了解水循环的海上内循环吗？"选项和计分方式同第一题；第五题为"你了解七大洲和四大洋之间的关联吗？"选项和计分方式同第一题，总计 20 分。

（3）保持测验和迁移测验

保持测验包括 4 个选择题（4 分）和 5 个判断题（5 分），共 9 分；迁移测试包括 3 个选择题（3 分）和 4 个判断题（4 分），共 7 分。

（4）主观评定量表

同实验 1。

4. 实验程序

本实验在某小学机房进行，每位被试配备一台计算机和一副耳机。学习者自主选择计算机，并以列为单位将学习者随机分为 4 个小组。然后由主试向被试讲解并演示实验过程，向被试说明实验的基本内容、程序及相关要求，确保每位被试能够清晰理解主试指导语。告诉被试本实验要学习一段关于大洋大洲的材料，学习之后需要回答相关问题，要求学习者认真、独立完成学习内容并回答相关问题。同时利用机房控制系统向被试分发测试材料，宣读完指导语之后要求被试打开 PPT 测试材料，点击 PPT 左上部位的"启用内容"（启用 PPT 中的所有控件功能），之后在 PPT 全屏放映状态下开始实验。首先完成"先前知识问卷"，然后开始学习视频内容，学习时间限定为不超过 10 分钟。学习结束后，要求学习者关闭学习材料，依次完成保持测试、迁移测试及三个主观评定问题，整个实验控制在 30 分钟以内。实验数据采用 SPSS22.0 软件进行处理与分析。

（三）结果与分析

参与实验的被试共计 286 名被随机分为 4 组：无反馈、纠正性反馈、答案性反馈、解释性反馈，对不同组别的保持成绩和迁移成绩进行分析，得到其描述性结果如表 6-48 所示。

为考察不同反馈方式对数字化学习效果的影响，将反馈之后与反馈之前的后测成绩相减，计算出保持测试和迁移测试的后测成绩差值，并以此作为不同反馈方式对数字化学习效果的最终影响因素，其描述性统计结果如表 6-49 所示。

表 6-48 四组被试后测成绩的平均值（M）与标准差（SD）

反馈方式	保持成绩		迁移成绩		最终保持成绩		最终迁移成绩	
	M	SD	M	SD	M	SD	M	SD
无反馈	12.34	3.467	6.51	2.589	8.81	3.753	6.58	2.972
纠正性反馈	11.07	3.250	5.86	2.893	8.33	3.055	6.44	2.911
答案性反馈	10.88	3.166	6.71	3.045	9.38	3.253	6.96	2.736
解释性反馈	11.45	3.264	6.36	2.647	8.06	3.383	6.58	2.951

表 6-49　四组被试后测成绩差值的平均值（M）与标准差（SD）

反馈方式	保持成绩差值		迁移成绩差值	
	M	SD	M	SD
无反馈	−3.53	4.256	0.07	3.503
纠正性反馈	−2.74	3.764	0.58	4.007
答案性反馈	−1.5	3.815	0.25	3.928
解释性反馈	−3.39	4.325	0.21	3.748

为了检测不同组别之间保持成绩差值和迁移成绩差值有无显著差异，对不同组别的保持成绩和迁移成绩进行单因素方差分析，结果如表 6-50 所示。反馈方式对保持成绩差值的主效应显著，$F(3,242)=2.738$，$p=0.044<0.05$，对迁移成绩差值的主效应不显著。

表 6-50　四组被试后测成绩差值的方差分析

成绩差值类别	平方和	df	均方	F	显著性
保持成绩差值	134.777	3	44.926	2.738	0.044
迁移成绩差值	9.332	3	3.111	0.215	0.886

从表 6-51 可以看出，在进一步的多重比较中发现，"无反馈"与"答案性反馈"之间的保持成绩差值存在显著差异（$I-J=-2.025$，$p=0.011<0.05$）；"答案性反馈"与"解释性反馈"之间的保持成绩差值存在显著差异（$I-J=1.894$，$p=0.014<0.05$）。不同组别保持成绩差值的均值分布如图 6-15 所示，从图 6-15 以及前文的分析可知，"答案性反馈"最有利于小学生保持成绩的提高，其次为"纠正性反馈"。可见，内容反馈有利于小学生保持成绩的提高，其中"答案性反馈"最有利于小学生保持成绩的提高。

表 6-51　四组被试后测成绩差值的多重比较

因变量		保持成绩差值	
		I−J	p
无反馈	纠正性反馈	−0.786	0.269
	答案性反馈	−2.025*	0.011
	解释性反馈	−0.131	0.856
纠正性反馈	无反馈	0.786	0.269
	答案性反馈	−1.24	0.101
	解释性反馈	0.654	0.343
答案性反馈	无反馈	2.025*	0.011
	纠正性反馈	1.24	0.101
	解释性反馈	1.894*	0.014
解释性反馈	无反馈	0.131	0.856
	纠正性反馈	−0.654	0.343
	答案性反馈	−1.894*	0.014

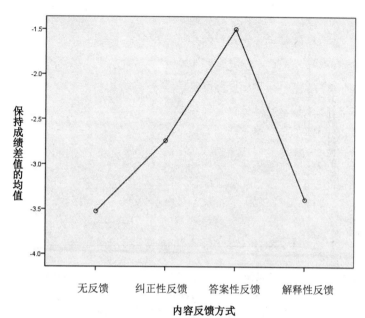

图 6-15 不同组别保持成绩差值的均值分布

对不同组别的三项主观评定结果进行描述性统计，结果如表 6-52 所示。

表 6-52 四组被试主观评定分数的平均值（M）与标准差（SD）

反馈方式	学习材料感知难度		学习心理努力程度		学习材料可用性	
	M	SD	M	SD	M	SD
无反馈	5.02	1.843	6.58	2.222	4.86	2.013
纠正性反馈	5.82	2.299	5.92	2.414	5.01	2.424
答案性反馈	5.04	1.501	6.02	1.874	4.06	2.128
解释性反馈	5.29	2.534	6.29	2.429	4.06	2.553

对不同组别的三项主观评定结果进行单因素方差分析结果如表 6-53 所示。

表 6-53 四组被试主观评定分数的方差分析

主观评定项目	平方和	df	均方	F	显著性
学习材料感知难度	27.552	3	9.184	2.018	0.112
学习心理努力程度	16.211	3	5.404	1.042	0.374
学习材料可用性	48.699	3	16.233	3.035	0.03

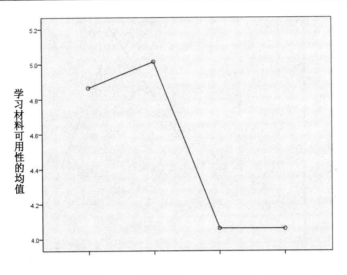

内容反馈方式

图 6-16　不同组别的学习材料可用性均值分布

从表 6-53 中可以发现，反馈方式对学习材料感知难度和学习心理努力程度不存在显著效应，对学习材料可用性主效应显著，$F（3,242）=3.035$，$p=0.03＜0.05$。不同组别的学习材料可用性均值分布如图 6-16 所示，从表 6-52 和图 6-16 可以看出，"纠正性反馈"的学习材料可用性评分均值最高，其次为"无反馈""答案性反馈"和"解释性反馈"的学习材料可用性评分均值较低，说明"答案性反馈"和"解释性反馈"有利于降低小学生数字化学习中的外在认知负荷。

（四）讨论

从实验结果可以看出，反馈方式对小学生的数字化学习中的保持成绩有显著影响，而对迁移成绩的影响不明显。其中"答案性反馈"最有利于保持成绩的提高，"无反馈"不利于保持成绩的提高。同样可以看出，"纠正性反馈"最有利于迁移成绩的提高，"无反馈"不利于迁移成绩的提高。

实验结果验证了假设一和假设二，即"纠正性反馈"比"无反馈"更有利于小学生提高学习效果；"答案性反馈"比"无反馈"更有利于小学生提升学习效果；未能证实假设三。说明比起大学生和中学生，小学生表现得"急功近利"，更倾向于"答案性反馈"。

从本实验主观评定结果可以看出，在小学生数字化学习材料的设置中，反馈方式对于学习心理努力程度、学习材料感知难度的主效应均不明显，对学习材料可用性的主效应显著，说明不同反馈方式对小学生内在认知负荷和相关认知负荷均无明显影响，对外在认知负荷具有明显的影响。

（五）结论

第一，在数字化学习中，"答案性反馈"最有利于小学生保持成绩的提高，"无反馈"及"解释性反馈"不利于学习者保持成绩的提高，其中"无反馈"最不利于学习者保持成绩的提高。

第二，内容反馈对小学生迁移成绩无明显影响。

第三，内容反馈对小学生的外在认知负荷有明显影响，"答案性反馈"及"解释性反馈"有利于降低小学生的外在认知负荷。

四、本节讨论

表 6-54　不同年龄学习者后测成绩差值方差分析显著效应统计

年龄阶段	保持成绩变化	迁移成绩变化	感知难度	努力程度	可用性
大学生	不显著	边缘显著	不显著	不显著	不显著
中学生	显著	边缘显著	不显著	不显著	不显著
小学生	显著	不显著	不显著	不显著	显著

通过上述实验数据及相关分析可以看出，反馈方式对大、中、小学生的数字化学习效果均有一定的影响。如表 6-54 所示，反馈对大学生反馈后的保持成绩无显著影响，对中学生和小学生的反馈后的保持成绩有显著影响；反馈方式对大学生和中学生的反馈后迁移成绩存在边缘显著性，对大学生反馈后的迁移成绩无显著影响；反馈方式对大、中、小学生的内在认知负荷、外在认知负荷以及大、中学生的相关认知负荷均无显著影响，对小学生的相关认知负荷有显著影响。

从前文分析可以看出，反馈方式对学习者反馈后保持成绩有明显的影响，但不同反馈方式对不同年龄学习者影响不同，即在数字化学习资源反馈方式的设置中，不同的年龄学习者适用于不同的最有效的设置不同。如表 6-55 所示，"解释性反馈"更有利于中学生反馈后保持成绩的提高，"答案性反馈"更有利于小学生反馈后保持成绩的提高。

在反馈后迁移成绩方面，反馈方式只有对中学生的反馈后迁移成绩具有边缘性显著效应，对大学生和小学生的反馈后迁移成绩没有明显影响。因此，总体而言，反馈方式对学习者的反馈后迁移成绩没有明显影响。但相较而言，不同的反馈方式对不同年龄学习者的反馈后迁移成绩仍有一定影响，对于不同年龄学习者仍然有与其相适合的反馈方式。从表 6-55 中可以看出，"解释性反馈"有利于中学生反馈后保持成绩的提高，"答案性反馈"更有利于小学生反馈后保持成绩的提高。

表 6-55　不同年龄学习者最佳反馈方式

反馈方式	大学生		中学生		小学生	
	保持成绩差值	迁移成绩差值	保持成绩差值	迁移成绩差值	保持成绩差值	迁移成绩差值
无反馈	—	—	—	—	—	—
纠正性反馈	—	—	—	—	—	—
答案性反馈	—	—	—	—	√	—
解释性反馈	—	√	√	√	—	—

在认知负荷方面，在对大、中、小学生学习心理努力程度、学习材料感知难度、学习材料可用性三者的影响方面，不同内容反馈方式仅对小学生的学习材料可用性有明显影响（如表 6-54 所示），对其他均无明显影响。说明反馈方式对大学生和中学生的内在认知负荷、外在认知负荷、相关认知负荷以及小学生的内在认知负荷、相关认知负荷均无明显影响，对小学生的外在认知负荷有明显影响。

五、本节结论

第一，不同内容反馈方式对中、小学生的保持成绩有明显影响，对大学生的保持成绩无明显影响。

第二，不同内容反馈方式对大、中学生的迁移成绩有边缘性显著影响，对小学生的迁移成绩无明显影响。

第三，不同内容反馈方式对大学生和中学生的内在认知负荷、外在认知负荷、相关认知负荷以及小学生的内在认知负荷、相关认知负荷均无明显影响，对小学生的外在认知负荷有明显影响。

第四，"解释性反馈"最有利于中学生保持成绩的提高，"答案性反馈"最有利于小学生保持成绩的提高。

第五，"解释性反馈"最有利于大学生迁移成绩的提高，同样也最有利于中学生迁移成绩的提高。

第六，"答案性反馈"及"解释性反馈"最有利于降低小学生的外在认知负荷。

第四节　时间反馈实验

一、实验 10：大学生时间反馈实验

（一）目的与假设

本实验旨在探索数字化学习中不同时间反馈形式的交互对大学本科生学习效果的影响。围绕上述问题并依据前文中的研究假设，初步提出以下假设：第一，"脚注反馈"比"无反馈"更有利于大学生提高学习效果；第二，"结尾反馈"比"无反馈"更有利于大学生提升学习效果；第三，"及时反馈"设置方式下，大学生的学习效果最佳。

（二）实验方法

1. 被试

从某大学各专业三年级学习者中随机抽取 230 名本科生作为被试，被试年龄 $M=20.89$，$SD=1.113$，所有被试视力或矫正视力正常，无色盲色弱，均具备一定的数字化学习能力，能熟练使用计算机进行学习与作答。剔除先前知识问卷得分过高、作答信息不全者 29 人，最终有效实验人数 201 人。

2. 实验设计

本实验采用单因素交互控制方式（无反馈、及时反馈、脚注反馈、结尾反馈）的完全随机实验设计。因变量为学习之后的保持测试和迁移测试，以及主观评定：学习材料感知

难度评定、学习心理努力程度评定、学习材料可用性评定。

3. 实验材料

实验材料包括数字化学习材料和数字化测试材料，其中测试材料包括先前知识问卷、保持测试、迁移测试和主观评定量表。所有实验材料及测试材料均在计算机上呈现，不包含任何纸质材料。

（1）数字化学习材料

实验材料以 PPT 的形式呈现，实验材料的内容为地理类科普知识《闪电的形成》，主要是关于闪电的形成原理的介绍。材料以文字的形式呈现，不同组别的后测题目的设置方式分别为：无反馈、及时反馈、脚注反馈和结尾反馈。其中"无反馈"组作为实验的控制组，其后测题目没有任何反馈；"及时反馈"组的后测题目答案选项被点击后，系统会及时弹出对话框显示正确答案是哪一项以及详细说明；"脚注反馈"组屏幕显示的每一页题目被答完后，点击页面最下方的"本页题目解析"按钮时，会弹出该页面所有题目的正确答案及详细解答；"结尾反馈"组的所有题目完成时，点击 PPT 末尾"所有题目解析"按钮时，会弹出对话框显示该 PPT 中所有题目的正确答案及详细说明。"及时反馈"组、"脚注反馈"组和"结尾反馈"组三组的反馈时间有明显的区别。

为保证被试在完成每一个相关题目后才能看到题目解析内容，且之后不能对已经作答的题目进行修改。则需要对每组 PPT 控件进行不同的设置。其中"及时反馈"组中每个题目的每个选项控件中均添加类似下列 VBA 语言命令：

```
"Private Sub OptionButton4_Click()

OptionButton1.Locked = True

OptionButton2.Locked = True

OptionButton3.Locked = True

OptionButton4.Locked = True

End Sub"
```

同时会在题目选项控件中分别添加类似下列 VBA 语言命令，以下面的题目为例。

当云的顶部超过了结冰面时，气温（　　　　）冰点，以致云的顶部形成了微小的冰晶。

A. 大大高于　　　　B. 大大低于　　　　C. 等于

语言命令：

```
Private Sub OptionButton3_Click()

MsgBox "选择错误！当云的顶部超过了结冰面时，气温大大低于冰点，致使云的顶部形成了微小的冰晶。因此，正确选项为 B 选项！继续努力！" vbOKOnly

End Sub
```

"脚注反馈"组及"结尾反馈"组中每个题目的每个选项控件"locked"属性值均设为"ture"，并添加类似下列 VBA 语言命令：

```
"Private Sub OptionButton5_Click()
```

```
OptionButton5.Locked = True
OptionButton6.Locked = True
OptionButton7.Locked = True
OptionButton8.Locked = True
OptionButton1.Locked = False
OptionButton2.Locked = False
OptionButton3.Locked = False
OptionButton4.Locked = False
End Sub"
```

（2）先前知识问卷

先前知识问卷主要考察被试关于本实验中数字化学习内容的熟知情况。本实验先前知识问卷共有 5 道题客观问答题：第一题为"你了解闪电的形成原理吗？"有"完全不了解""不了解""不确定""了解""非常了解" 5 个选项，分别计分为 0—4 分；第二题为"你了解云的形成过程吗？"选项和计分方式同第一题；第三题为"你了解暴雷是如何产生的吗？"选项和计分方式同第一题；第四题为"您的学科背景是？"有"理科生、文科生"两个选项，分别计分为 0 分和 1 分；第五题为"你的大学专业和地理相关吗？"有"不相关""相关"两个选项，分别计分为 0 分和 1 分，总计 14 分。

（3）保持测试和迁移测试

保持测试包括 5 道选择题（5 分）和 4 道判断题（4 分），共 9 分；迁移测试包括 3 道判断题（3 分）和 2 道问答题（8 分），共 11 分。

（4）主观评定量表

同实验 1。

4. 实验程序

本实验在某大学机房进行，每位被试配备一台计算机和一副耳机。学习者自主选择计算机，并以列为单位将学习者随机分为 4 个小组。然后由主试向被试讲解并演示实验过程，向被试说明实验的基本内容、程序及相关要求，确保每位被试能够清晰理解主试指导语。告诉被试本实验要学习一段关于闪电形成的材料，学习之后需要回答相关问题，要求学习者认真、独立完成学习内容并回答相关问题。同时利用机房控制系统向被试分发测试材料，宣读完指导语之后要求被试打开 PPT 测试材料，点击 PPT 左上部位的"启用内容"（启用 PPT 中的所有控件功能），之后在 PPT 全屏放映状态下开始实验。首先完成"先前知识问卷"，然后开始学习视频内容，学习时间限定为不超过 10 分钟。学习结束后，要求学习者关闭学习材料，依次完成保持测试、迁移测试及三个主观评定问题，整个实验控制在 30 分钟以内。实验数据采用 SPSS22.0 软件进行处理与分析。

（三）结果与分析

表 6-56　四组被试后测成绩的平均值（M）与标准差（SD）

反馈方式	保持成绩		迁移成绩		最终保持成绩		最终迁移成绩	
	M	SD	M	SD	M	SD	M	SD
无反馈	13.40	3.163	5.86	4.565	13.40	3.282	6.70	5.199
及时反馈	12.21	3.626	3.83	2.194	13.45	4.838	5.76	3.804
脚注反馈	12.17	3.286	6.00	4.102	13.80	2.747	7.53	5.029
结尾反馈	12.15	3.111	6.63	3.080	12.54	4.754	5.95	4.658

参与实验的被试共计 230 名被随机分为 4 组：无反馈、及时反馈、脚注反馈、结尾反馈，对不同组别的保持成绩和迁移成绩进行分析，得到其描述性结果，如表 6-56 所示。

为考察不同反馈方式对数字化学习效果的影响，将反馈之后与反馈之前的后测成绩相减，计算出保持测试和迁移测试的后测成绩差值，并以此作为不同反馈方式对数字化学习效果的最终影响因素，其描述性统计结果如表 6-57 所示。

表 6-57　四组被试后测成绩差值的平均值（M）与标准差（SD）

反馈方式	保持成绩差值		迁移成绩差值	
	M	SD	M	SD
无反馈	0	3.625	0.84	4.029
及时反馈	1.24	5.933	1.93	4.171
脚注反馈	1.63	3.162	1.53	5.001
结尾反馈	0.39	4.055	-0.68	5.15

为了检测不同组别之间保持成绩差值和迁移成绩差值有无显著差异，对不同组别的保持成绩差值和迁移成绩差值进行方差分析，结果如表 6-58 所示。反馈方式对最终保持成绩差值无显著影响，对最终迁移成绩差值有显著影响，$F(3,197)=2.878$，$p=0.037<0.05$。

表 6-58　不同反馈方式后测成绩差值的单因素方差分析

成绩差值类别	平方和	df	均方	F	显著性
保持成绩差值	83.389	3	27.796	1.442	0.232
迁移成绩差值	183.422	3	61.141	2.878	0.037

如表 6-59 所示，在进一步的多重比较中发现，"及时反馈"与"结尾反馈"之间的最终保持成绩均值存在十分显著的差异（$I-J=2.614$，$p=0.006<0.01$）；"脚注反馈"与"结尾反馈"之间的最终保持成绩均值存在显著差异（$I-J=2.208$，$p=0.019<0.05$）。不同组别迁移成绩差值的均值分布如图 6-17 所示，可以看出，"及时反馈"最有利于大学生迁移成绩的提高，其次为"脚注反馈"。

表 6-59　四组被试后测成绩差值的多重比较

因变量		迁移成绩差值	
		I−J	p
无反馈	及时反馈	−1.094	0.24
	脚注反馈	−0.688	0.457
	结尾反馈	1.52	0.132
及时反馈	无反馈	1.094	0.24
	脚注反馈	0.406	0.635
	结尾反馈	2.614*	0.006
脚注反馈	无反馈	0.688	0.457
	及时反馈	−0.406	0.635
	结尾反馈	2.208*	0.019
结尾反馈	无反馈	−1.52	0.132
	及时反馈	−2.614*	0.006
	脚注反馈	−2.208*	0.019

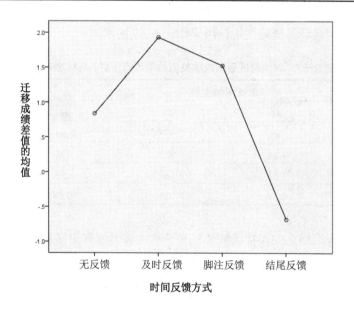

图 6-17　不同组别迁移成绩差值的均值分布

对不同组别的三项主观评定结果进行描述性统计，结果如表 6-60 所示。

表 6-60　四组被试主观评定分数的平均值（M）与标准差（SD）

反馈方式	学习材料感知难度		学习心理努力程度		学习材料可用性	
	M	SD	M	SD	M	SD
无反馈	6.95	1.413	7.02	1.439	6.09	1.784
及时反馈	6.00	1.510	5.95	2.073	5.50	1.780
脚注反馈	6.63	1.639	6.78	1.811	5.69	1.985
结尾反馈	6.71	1.601	6.90	1.562	5.61	1.671

对不同组别的三项主观评定结果进行单因素方差分析，结果如表 6-61 所示，各组中反馈时间对学习材料感知难度主效应十分显著，$F(3,192)=4.662$，$p=0.004<0.01$，对学习心理努力程度主效应亦十分显著，$F(3,192)=5.104$，$p=0.002<0.05$，反馈时间对学习材料可用性主效应不显著。

表 6-61　四组被试主观评定分数的方差分析

主观评定项目	平方和	df	均方	F	显著性
学习材料感知难度	25.848	3	8.616	3.595	0.015
学习心理努力程度	37.936	3	12.645	4.021	0.008
学习材料可用性	9.289	3	3.096	0.932	0.426

如表 6-62 所示，在学习材料感知难度各组间的多重比较中发现，"及时反馈"组与"无反馈"组之间存在十分显著的差异（$I-J=-0.953$，$p=0.003<0.01$）；"及时反馈"组与"脚注反馈"组之间存在显著差异（$I-J=-0.627$，$p=0.03<0.05$）；"及时反馈"组与"结尾反馈"组之间存在显著差异（$I-J=-0.707$，$p=0.026<0.05$）。

表 6-62　四组被试主观评定分数的多重比较

因变量		学习材料感知难度		学习心理努力程度	
		$I-J$	p	$I-J$	p
无反馈	及时反馈	0.953*	0.003	1.075*	0.016
	脚注反馈	0.326	0.294	0.244	0.973
	结尾反馈	0.246	0.467	0.121	0.999
及时反馈	无反馈	-0.953*	0.003	-1.075*	0.016
	脚注反馈	-0.627*	0.03	-0.831	0.129
	结尾反馈	-0.707*	0.026	-0.954	0.061
脚注反馈	无反馈	-0.326	0.294	-0.244	0.973
	及时反馈	0.627*	0.03	0.831	0.129
	结尾反馈	-0.08	0.799	-0.123	0.999
结尾反馈	无反馈	-0.246	0.467	-0.121	0.999
	及时反馈	0.707*	0.026	0.954	0.061
	脚注反馈	0.08	0.799	0.123	0.999

在学习心理努力程度各组间的多重比较中发现，"无反馈"与"及时反馈"之间存在显著差异（$I-J=1.075$，$p=0.016<0.05$）；"及时反馈"组与"结尾反馈"组之间存在边缘性显著差异（$I-J=-0.954$，$p=0.061$）。不同组别学习材料感知难度的均值分布以及学习心理努力程度的均值分布如图 6-18 和图 6-19 所示。可以看出，在学习材料感知难度和学习心理努力程度两个方面，"无反馈"的均值都是最高的，"及时反馈"是最低的。可见不同时间反馈方式对大学生内在认知负荷和相关认知负荷有一定影响，其中"及时反馈"能够有效降低学习者的内在认知负荷和相关认知负荷。

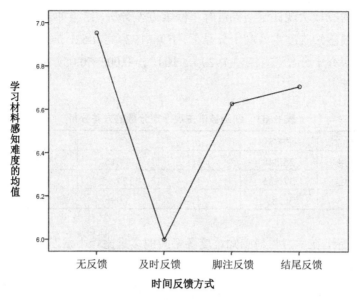

图 6-18　不同组别学习材料感知难度的均值分布

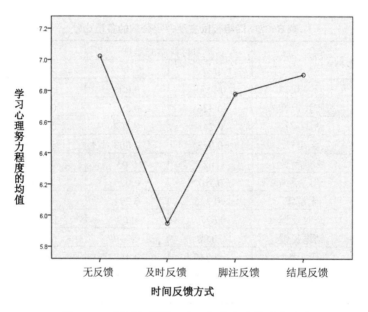

图 6-19　不同组别学习心理努力程度的均值分布

（四）讨论

从实验结果可以看出，反馈时间对大学生的数字化学习中保持成绩的变化无显著影响，对迁移成绩的变化影响有显著影响。其中"及时反馈"和"脚注反馈"有利于大学生反馈后迁移成绩的提高，"结尾反馈"不利于反馈后迁移成绩的提高。同时，相较而言"脚注反馈"更有利于大学生反馈后迁移成绩的提高。

上述实验结果验证了假设一、假设三，即"脚注反馈"比"无反馈"更有利于大学生提高学习效果；"及时反馈"设置方式下大学生的学习效果最佳。不支持假设二，说明"结尾反馈"没有正向效应。

从本实验主观评定结果可以看出，反馈方式对学习心理努力程度、学习材料感知难度的主效应显著，对学习材料可用性的主效应不明显。说明不同反馈时间对大学生内在认知负荷和相关认知负荷有明显影响，对外在认知负荷无明显影响。

（五）结论

第一，在数字化学习中，系统的反馈时间对大学生保持成绩的变化无显著影响。

第二，在数字化学习中，系统的反馈时间对大学生迁移成绩的变化有显著影响。其中"及时反馈"最有利于大学生反馈后迁移成绩的提高，"结尾反馈"最不利于大学生反馈后迁移成绩的提高。

第三，反馈时间对大学生内在认知负荷和相关认知负荷有明显影响，对外在认知负荷无明显影响。"无反馈"有利于提高大学生的相关认知负荷。

二、实验 11：中学生时间反馈实验

（一）目的与假设

本实验旨在探索数字化学习中不同时间反馈形式的交互对中学生学习效果的影响。围绕上述问题并依据前文中的研究假设，初步提出以下假设：第一，"脚注反馈"比"无反馈"更有利于中学生提高学习效果；第二，"结尾反馈"比"无反馈"更有利于中学生提升学习效果；第三，"及时反馈"设置方式下中学生的学习效果最佳。

（二）实验方法

1. 被试

从某中学初三年级学习者中随机抽取的 219 名中学生作为被试，完整完成了实验，被试年龄 $M=15.02$，$SD=0.871$，所有被试视力或矫正视力，无色盲色弱，均具备一定的数字化学习能力，能熟练使用计算机进行学习与作答。剔除先前知识问卷得分过高、作答信息不全者 25 人，最终有效实验人数 194 人。

2. 实验设计

本实验采用单因素交互控制方式（无反馈、及时反馈、脚注反馈、结尾反馈）的完全随机实验设计。因变量为学习之后的保持测验和迁移测验，以及主观评定：学习材料感知难度评定、学习心理努力程度评定、学习材料可用性评定。

3. 实验材料

实验材料包括数字化学习材料和数字化测试材料，其中测试材料包括先前知识问卷、保持测试、迁移测试和主观评定量表。所有实验材料及测试材料均在计算机上呈现，不包含任何纸质材料。

（1）数字化学习材料

学习材料以 PPT 的形式呈现，实验材料的内容为地理类科普知识《营造地表形态的力量》，主要是关于地球地表形成原理的介绍。材料以文字的形式呈现，不同组别的后测题目的设置方式分别为：无反馈、及时反馈、脚注反馈和结尾反馈。其中"无反馈"组作为实验的控制组，其后测题目没有任何反馈；"及时反馈"组的后测题目答案选项被点击后，系

统会及时弹出对话框显示正确答案是哪一项以及详细说明；"脚注反馈"组屏幕显示的每一页题目被答完后，点击页面最下方的"本页题目解析"按钮时，会弹出该页面所有题目的正确答案及详细解答；"结尾反馈"组的所有题目完成时，点击 PPT 末尾"所有题目解析"按钮时，会弹出对话框显示该 PPT 中所有题目的正确答案及详细说明。"及时反馈"组、"脚注反馈"组和"结尾反馈"组三组的反馈时间有明显的区别。

　　为保证被试在完成每一个相关题目后才能看到题目解析内容，且之后不能对已经作答的题目进行修改。则需要对每组 PPT 控件进行不同的设置。其中"及时反馈"组中每个题目的每个选项控件中均添加类似下列 VBA 语言命令：

　　　　"Private Sub OptionButton4_Click()

　　　　OptionButton1.Locked = True

　　　　OptionButton2.Locked = True

　　　　OptionButton3.Locked = True

　　　　OptionButton4.Locked = True

　　　　End Sub"

同时会在题目选项控件中分别添加类似下列 VBA 语言命令如下题。

　　　　在内力作用中，（　　）是塑造地表形态的主要方式。

　　　　A. 地壳运动　　　B. 岩浆活动　　　C. 变质作用　　　D. 侵蚀作用

　　　　语言命令：

　　　　Private Sub OptionButton2_Click()

　　　　MsgBox "选择错误！在内力作用中地壳运动是塑造地表形态的主要方式。因此正确选项为选项 A！继续努力！", vbOKOnly

　　　　End Sub

　　"脚注反馈"组及"结尾反馈"组中每个题目的每个选项控件"locked"属性值均设为"ture"，并添加类似下列 VBA 语言命令：

　　　　"Private Sub OptionButton5_Click()

　　　　OptionButton5.Locked = True

　　　　OptionButton6.Locked = True

　　　　OptionButton7.Locked = True

　　　　OptionButton8.Locked = True

　　　　OptionButton1.Locked = False

　　　　OptionButton2.Locked = False

　　　　OptionButton3.Locked = False

　　　　OptionButton4.Locked = False

　　　　End Sub"

　　（2）先前知识问卷

　　先前知识问卷主要考察被试关于本实验中数字化学习内容的熟知情况。本实验先前知识问卷共有 5 道题客观问答题：第一题为"你了解地表形成的过程吗？"有"完全不了解""不了解""不确定""了解""非常了解" 5 个选项，分别计分为 0—4 分；第二题为"你了解营造地表形态的外力作用吗？"选项和计分方式同第一题；第三题为"你了解营造地表形态的内力作用吗？"选项和计分方式同第一题；第四题为"你了解地貌与外力作用之间的关联吗？"选项和计分方式同第一题；第五题为"你了解自己所处城市周边的地貌类型吗？"选项和计分方式同第一题，总计 20 分。

（3）保持测试和迁移测试

保持测试包括 5 道选择题（5 分）和 5 道判断题（5 分），共 10 分；迁移测试包括 4 道选择题，共 4 分。

（4）主观评定量表

同实验 1。

4. 实验程序

本实验在某中学机房进行，每位被试配备一台计算机和一副耳机。学习者自主选择计算机，并以列为单位将学习者随机分为 4 个小组。然后由主试宣读实验指导语及相关要求，向被试说明实验的基本内容、程序及要求。告诉被试本实验要学习一段关于营造地表形态力量的材料，学习之后需要回答相关问题，要求学习者认真、独立完成学习内容并回答相关问题。同时利用机房控制系统向被试分发测试材料，宣读完指导语之后要求被试打开 PPT 测试材料，点击 PPT 左上部位的"启用内容"（启用 PPT 中的所有控件功能），之后在 PPT 全屏放映状态下开始实验。首先完成"先前知识问卷"，然后开始学习视频内容，学习时间限定为不超过 10 分钟。学习结束后，要求学习者关闭学习材料，依次完成保持测试、迁移测试及三个主观评定问题，整个实验控制在 30 分钟以内。实验数据采用 SPSS22.0 软件进行处理与分析。

（三）结果与分析

参与实验的被试共计 219 名被随机分为 4 组：无反馈、及时反馈、脚注反馈、结尾反馈，对不同组别的保持成绩和迁移成绩进行分析，得到的其描述性结果如表 6-63 所示。

表 6-63　四组被试后测成绩的平均值（M）与标准差（SD）

反馈方式	保持成绩		迁移成绩		最终保持成绩		最终迁移成绩	
	M	SD	M	SD	M	SD	M	SD
无反馈	11.20	3.955	5.56	3.072	9.53	4.320	5.82	3.180
及时反馈	10.86	4.441	5.69	3.134	10.12	5.160	6.12	3.057
脚注反馈	11.24	4.227	5.64	2.673	11.51	4.808	5.91	3.074
结尾反馈	9.81	4.250	5.95	2.449	10.00	4.047	6.28	3.283

为考察不同反馈方式对数字化学习效果的影响，将反馈之后与反馈之前的保持成绩和迁移成绩相减，计算出保持测试和迁移测试的后测成绩差值，并以此作为不同反馈方式对

数字化学习效果的最终影响因素，其描述性统计结果如表 6-64 所示。

为了检测不同组别之间保持成绩差值和迁移成绩差值有无显著差异，对不同组别的保持成绩和迁移成绩差值进行单因素方差分析，结果如表 6-65 所示，可以看出，反馈方式对保持成绩差值存在边缘性显著差异 $F(3,190)=2.138$，$p=0.097$；对迁移成绩差值主效应不显著。

表 6-64　四组被试后测成绩差值的平均值（M）与标准差（SD）

反馈方式	保持成绩差值		迁移成绩差值	
	M	SD	M	SD
无反馈	−1.67	3.844	0.25	3.571
及时反馈	−0.75	4.56	0.43	3.54
脚注反馈	0.27	4.835	0.27	2.911
结尾反馈	0.19	4.425	0.33	3.544

表 6-65　四组被试后测成绩差值的方差分析

成绩差值类别	平方和	df	均方	F	p
保持成绩差值	124.522	3	41.507	2.138	0.097
迁移成绩差值	0.998	3	0.333	0.029	0.993

如表 6-66 所示，在进一步的多重比较中发现，"无反馈"与"脚注反馈"之间的迁移成绩存在显著差异（$I-J=-1.939$，$p=0.03<0.05$）；"无反馈"与"结尾反馈"之间的迁移成绩存在显著差异（$I-J=-1.859$，$p=0.04<0.05$）。不同组别的保持成绩差值的均值分布图 6-20 所示，可见不同反馈方式对中学生保持成绩的提高均有一定影响，其中，"脚注反馈"最有利于中学生保持成绩的提高。

表 6-66　四组被试后测成绩差值的多重比较

因变量		保持成绩差值	
		$I-J$	p
无反馈	及时反馈	−0.928	0.28
	脚注反馈	−1.939*	0.03
	结尾反馈	−1.859*	0.04
及时反馈	无反馈	0.928	0.28
	脚注反馈	−1.012	0.263
	结尾反馈	−0.931	0.309
脚注反馈	无反馈	1.939*	0.03
	及时反馈	1.012	0.263
	结尾反馈	0.081	0.932
结尾反馈	无反馈	1.859*	0.04
	及时反馈	0.931	0.309
	脚注反馈	−0.081	0.932

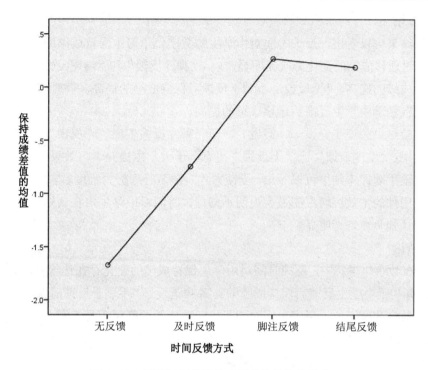

图 6-20　不同组别的保持成绩差值的均值分布

对不同组别的三项主观评定结果进行描述性统计，结果如表 6-67 所示。

对不同组别的三项主观评定结果进行单因素方差分析结果如表 6-68 所示。可以看出，各组中反馈时间对学习材料感知难度、学习心理努力程度、学习材料可用性主效应均不显著。

表 6-67　四组被试主观评定分数的平均值（M）与标准差（SD）

反馈方式	学习材料感知难度		学习心理努力程度		学习材料可用性	
	M	SD	M	SD	M	SD
无反馈	4.64	1.714	6.75	2.030	4.40	2.233
及时反馈	5.02	2.015	6.00	2.506	4.12	2.487
脚注反馈	4.67	1.581	6.93	2.049	4.64	2.197
结尾反馈	5.35	1.446	6.84	1.632	5.00	2.012

表 6-68　四组被试主观评定分数的方差分析

主观评定项目	平方和	df	均方	F	显著性
学习材料感知难度	15.664	3	5.221	1.773	0.154
学习心理努力程度	26.908	3	8.969	2.046	0.109
学习材料可用性	19.648	3	6.549	1.295	0.277

（四）讨论

从实验结果可以看出，反馈时间对中学生的数字化学习中保持成绩的变化存在边缘性显著影响，对迁移成绩的变化影响无明显影响。"脚注反馈"和"结尾反馈"有利于中学生反馈后保持成绩的提高，"无反馈"不利于反馈后保持成绩的提高。同时，相较而言，"及时反馈"更有利于中学生反馈后迁移成绩的提高。

上述实验结果验证了假设一、假设二，即"脚注反馈"比"无反馈"更有利于大学生提高学习效果；"结尾反馈"比"无反馈"更有利于大学生提升学习效果；不支持假设三。

从本实验主观评定结果可以看出，反馈方式对学习心理努力程度、学习材料感知难度、学习材料可用性的主效应均不明显。说明不同反馈时间对中学生内在认知负荷、外在认知负荷和相关认知负荷均无明显影响。

（五）结论

第一，在数字化学习中，反馈时间对中学生保持成绩的变化存在边缘性显著差异，"脚注反馈"最有利于中学生反馈后保持成绩的提高，"无反馈"不利于反馈后保持成绩的提高。

第二，数字化学习中，反馈时间对中学生迁移成绩的变化无显著影响。

第三，反馈时间对中学生内在认知负荷、外在认知负荷和相关认知负荷均无明显影响。

三、实验 12：小学生时间反馈实验

（一）目的与假设

本实验旨在探索数字化学习中不同时间反馈形式的交互对小学生学习效果的影响。围绕上述问题并依据前文中的研究假设，初步提出以下假设：第一，"脚注反馈"比"无反馈"更有利于小学生提高学习效果；第二，"结尾反馈"比"无反馈"更有利于小学生提升学习效果；第三，"及时反馈"设置方式下小学生的学习效果最佳。

（二）实验方法

1. 被试

从某实验小学五、六年级学习者中随机抽取 259 名学习者作为被试，年龄 $M=11.37$，$SD=1.019$，所有被试视力或矫正视力正常，无色盲色弱，均具备一定的数字化学习能力，能熟练使用计算机进行学习与作答。剔除先前知识问卷得分过高、作答信息不全者 34 人，最终有效统计人数 225 人。

2. 实验设计

本实验采用单因素交互控制方式（无反馈、及时反馈、脚注反馈、结尾反馈）的完全随机实验设计。因变量为学习之后的保持测验和迁移测验，以及主观评定：学习材料感知难度评定、学习心理努力程度评定、学习材料可用性评定。

3. 实验材料

实验材料包括数字化学习材料和数字化测试材料，其中测试材料包括先前知识问卷、保持测试、迁移测试和主观评定量表。所有实验材料及测试材料均在计算机上呈现，不包含任何纸质材料。

（1）数字化学习材料

学习材料以 PPT 的形式呈现，实验材料的内容为地理类科普知识《地球的运动》，主要是关于地球自转与公转相关知识的介绍。材料以文字的形式呈现，不同组别的后测题目的设置方式分别为：无反馈、及时反馈、脚注反馈和结尾反馈。其中"无反馈"组作为实验的控制组，其后测题目没有任何反馈；"及时反馈"组的后测题目答案选项被点击后，系统会及时弹出对话框显示正确答案是哪一项以及详细说明；"脚注反馈"组屏幕显示的每一页题目被答完后，点击页面最下方的"本页题目解析"按钮时，会弹出该页面所有题目的正确答案及详细解答；"结尾反馈"组的所有题目完成时，点击 PPT 末尾"所有题目解析"按钮时，会弹出对话框显示该 PPT 中所有题目的正确答案及详细说明。"及时反馈"组、"脚注反馈"组和"结尾反馈"组三组的反馈时间有明显的区别。

为保证被试在完成每一个相关题目后才能看到题目解析内容，且之后不能对已经作答的题目进行修改。则需要对每组 PPT 控件进行不同的设置。其中"及时反馈"组中每个题目的每个选项控件中均添加类似下列 VBA 语言命令：

"Private Sub OptionButton4_Click()

OptionButton1.Locked = True

OptionButton2.Locked = True

OptionButton3.Locked = True

OptionButton4.Locked = True

End Sub"

同时会在题目选项控件中分别添加类似下列 VBA 语言命令如下题。

在内力作用中，（　　）是塑造地表形态的主要方式。

A. 地壳运动　　　B. 岩浆活动　　　C. 变质作用　　　D. 侵蚀作用

语言命令：

Private Sub OptionButton2_Click()

MsgBox "选择错误！在内力作用中地壳运动是塑造地表形态的主要方式。因此正确选项为选项 A！继续努力！"vbOKOnly

End Sub

"脚注反馈"组及"结尾反馈"组中每个题目的每个选项控件"locked"属性值均设为"ture"，并添加类似下列 VBA 语言命令：

"Private Sub OptionButton5_Click()

OptionButton5.Locked = True

OptionButton6.Locked = True

OptionButton7.Locked = True

OptionButton8.Locked = True

OptionButton1.Locked = False

OptionButton2.Locked = False

```
      OptionButton3.Locked = False
      OptionButton4.Locked = False
   End Sub"
```

（2）先前知识问卷

先前知识问卷主要考察被试关于本实验中数字化学习内容的熟知情况。本实验先前知识问卷共有 5 道题客观问答题：第一题为"你对地球运动的相关知识了解吗？"有"完全不了解""不了解""不确定""了解""非常了解" 5 个选项，分别计分为 0—4 分；第二题为"你知道地球是如何运动的吗？"选项和计分方式同第一题；第三题为"你知道地球的自转和公转的区别吗？"选项和计分方式同第一题；第四题为"你了解为什么一年会有四季的变化吗？"选项和计分方式同第一题；第五题为"你了解为什么每天会有昼夜更替吗？"选项和计分方式同第一题，总计 20 分。

（3）保持测试和迁移测试

保持测试包括 6 道选择题（6 分）和 3 道判断题（3 分），共 9 分；迁移测试包括 5 道选择题，共 5 分。

（4）主观评定量表

同实验 1。

4. 实验程序

本实验在某小学机房进行，每位被试配备一台计算机和一副耳机。学习者自主选择计算机，并以列为单位将学习者随机分为 4 个小组。然后由主试宣读实验指导语及相关要求，向被试说明实验的基本内容、程序及要求。告诉被试本实验要学习一段关于地球运动的材料，学习之后需要回答相关问题，要求学习者认真、独立完成学习内容并回答相关问题。同时利用机房控制系统向被试分发测试材料，宣读完指导语之后要求被试打开 PPT 测试材料，点击 PPT 左上部位的"启用内容"（启用 PPT 中的所有控件功能），之后在 PPT 全屏放映状态下开始实验。首先完成"先前知识问卷"，然后开始学习视频内容，学习时间限定为不超过 10 分钟。学习结束后，要求学习者关闭学习材料，依次完成保持测试、迁移测试及三个主观评定问题，整个实验控制在 30 分钟以内。实验数据采用 SPSS22.0 软件进行处理与分析。

（三）结果与分析

参与实验的被试共计 259 名被随机分为 4 组：无反馈、及时反馈、脚注反馈、结尾反馈，对不同组别的保持成绩和迁移成绩进行分析，得到的描述性结果如表 6-69 所示。

表 6-69　四组被试后测成绩的平均值（M）与标准差（SD）

反馈方式	保持成绩		迁移成绩		最终保持成绩		最终迁移成绩	
	M	SD	M	SD	M	SD	M	SD
无反馈	10.81	4.172	11.51	3.470	4.11	3.010	4.42	2.471
及时反馈	10.51	4.159	10.34	3.761	3.53	2.835	4.34	2.513
脚注反馈	10.36	3.308	10.70	3.637	4.00	2.762	3.91	2.203
结尾反馈	8.51	4.459	9.64	4.270	3.67	2.976	4.73	2.321

为考察不同反馈方式对数字化学习效果的影响，将反馈之后与反馈之前的保持成绩和迁移成绩相减，计算出保持测试和迁移测试的后测成绩差值，并以此作为不同反馈方式对数字化学习效果的最终影响因素，其描述性统计结果如表 6-70 所示。

表 6-70　四组被试后测成绩差值的平均值（M）与标准差（SD）

反馈方式	保持成绩差值		迁移成绩差值	
	M	SD	M	SD
无反馈	0.7	3.535	0.32	3.158
及时反馈	−0.17	3.703	0.81	2.939
脚注反馈	0.33	3.394	−0.09	3.146
结尾反馈	1.13	3.48	1.05	3.374

为了检测不同组别之间保持成绩差值和迁移成绩差值有无显著差异，对不同组别的保持成绩和迁移成绩进行单因素方差分析，结果如表 6-71 所示。可以看出反馈方式对保持成绩差值、迁移成绩差值主效应均不显著。

表 6-71　四组被试后测成绩差值的方差分析

成绩差值类别	平方和	df	均方	F	显著性
保持成绩差值	46.852	3	15.617	1.263	0.288
迁移成绩差值	46.277	3	15.426	1.54	0.205

对不同组别的三项主观评定结果进行描述性统计，结果如表 6-72 所示。

表 6-72　四组被试主观评定分数的平均值（M）与标准差（SD）

反馈方式	学习材料感知难度		学习心理努力程度		学习材料可用性	
	M	SD	M	SD	M	SD
无反馈	5.04	2.079	5.51	2.229	4.11	2.433
及时反馈	6.09	2.244	6.09	2.320	4.32	2.655
脚注反馈	5.32	1.841	6.56	2.274	4.65	2.363
结尾反馈	5.56	2.658	6.91	2.555	5.20	2.563

对不同组别的三项主观评定结果进行单因素方差分析结果如表 6-73 所示。可以看出，各组中反馈时间对学习材料感知难度、学习材料可用性主效应不显著，对学习心理努力程度主效应显著，$F(3,221)=3.8$，$p=0.011<0.05$。

表 6-73　四组被试主观评定分数的方差分析

主观评定项目	平方和	df	均方	F	显著性
学习材料感知难度	30.565	3	10.188	2.094	0.102
学习心理努力程度	62.652	3	20.884	3.8	0.011
学习材料可用性	37.523	3	12.508	2.013	0.113

表 6-74　不同组别学习心理努力程度分数的多重比较

因变量		学习心理努力程度	
		I–J	p
无反馈	及时反馈	−0.576	0.213
	脚注反馈	−1.052*	0.014
	结尾反馈	−1.400*	0.002
及时反馈	无反馈	0.576	0.213
	脚注反馈	−0.475	0.289
	结尾反馈	−0.824	0.078
脚注反馈	无反馈	1.052*	0.014
	及时反馈	0.475	0.289
	结尾反馈	−0.348	0.416
结尾反馈	无反馈	1.400*	0.002
	及时反馈	0.824	0.078
	脚注反馈	0.348	0.416

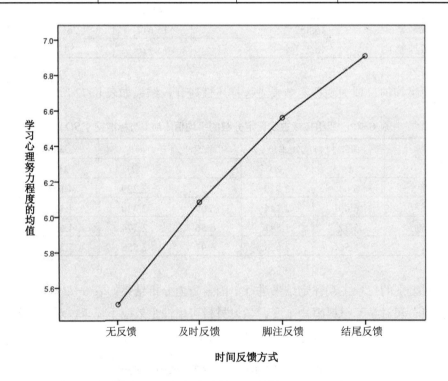

图 6-21　不同组别的学习心理努力程度均值分布

如表 6-74 所示，在学习心理努力程度各组间的多重比较中发现，"无反馈"组与"脚注反馈"组之间存在显著差异（$I–J$=−1.052，p=0.014＜0.05）；"无反馈"组与"结尾反馈"

组之间存在十分显著的差异（$I-J=-1.400$，$p=0.002<0.01$）；"及时反馈"组与"结尾反馈"组之间存在边缘显著性差异（$I-J=-0.824$，$p=0.078$）。不同组别的学习心理努力程度均值分布如图 6-21 所示。可以看出，不同反馈方式均在一定程度提高了学习心理努力程度的均值，增加了学习者的相关认知负荷。

（四）讨论

从实验结果可以看出，反馈时间对小学生的数字化学习中保持成绩的变化和迁移成绩的变化均无显著影响。相较而言"结尾反馈"更有利于小学生反馈后保持成绩的提高，"结尾反馈"同样更有利于小学生反馈后迁移成绩的提高。

从本实验主观评定结果可以看出，反馈方式对学习材料感知难度的主效应明显，对学习心理努力程度、学习材料可用性的主效应不显著。说明反馈时间对小学生的外在认知负荷有明显影响，对小学生的内在认知负荷和相关认知负荷无明显影响。

（五）结论

第一，在数字化学习中，反馈时间对小学生保持成绩的变化无显著影响。

第二，在数字化学习中，反馈时间对小学生迁移成绩的变化无显著影响。

第三，反馈时间对小学生内在认知负荷和外在认知负荷无明显影响，对相关认知负荷有明显影响。

第四，"结尾反馈"方式下小学生的相关认知负荷最高。

四、本节讨论

通过上述实验数据及相关分析，我们可以看出，反馈时间对大、中、小学生的数字化学习效果的影响有所不同，对大学生反馈后的迁移成绩有明显影响，对中学生反馈后的保持成绩有一定影响，对小学生反馈后的保持成绩和迁移成绩均无影响；对大、中、小学生认知负荷的影响也有所不同，对大学生的内在认知负荷和相关认知负荷有明显影响，对小学生的相关认知负荷有明显影响。

具体而言，反馈时间对不同年龄学习者反馈后保持成绩的影响不同。如表 6-75 所示，对中学生反馈后保持成绩存在边缘性显著效应，对大学生、小学生反馈后保持成绩无明显影响。在迁移成绩方面，反馈时间对大学生反馈后迁移成绩有明显影响，对中学生和小学生反馈后迁移成绩没有明显影响。因此总体而言，反馈时间对学习者反馈后迁移成绩随年龄变化呈规律性变化趋势，年龄越大影响越大。

表 6-75　不同年龄学习者后测成绩差值方差分析显著效应统计

年龄阶段	保持成绩变化	迁移成绩变化	感知难度	努力程度	可用性
大学生	不显著	显著	显著	显著	不显著
中学生	边缘显著	不显著	不显著	不显著	不显著
小学生	不显著	不显著	不显著	显著	不显著

相较而言，对于不同年龄学习者仍然有与其相适合的时间反馈方式。从表 6-76 可以看

出，"脚注反馈"有利于中学生反馈后保持成绩的提高，"及时反馈"更有利于大学生在数字化学习中反馈后迁移成绩的提高。

表 6-76　不同年龄学习者最佳反馈方式

反馈方式	大学		中学		小学	
	保持成绩的差值	迁移成绩的差值	保持成绩的差值	迁移成绩的差值	保持成绩的差值	迁移成绩的差值
无反馈	—	—	—	—	—	—
及时反馈	—	√	—	—	—	—
脚注反馈	—	—	√	—	—	—
结尾反馈	—	—	—	—	—	—

在认知负荷方面，在对大、中、小学生学习心理努力程度、学习材料感知难度、学习材料可用性三者的影响方面，如表 6-77 所示，不同时间反馈方式仅对大学生的学习心理努力程度、学习材料感知难度有显著影响，对小学生学习心理努力程度有显著影响。在降低认知负荷方面，如表 6-77 所示，"无反馈"方式有利于提高大学生的相关认知负荷，"结尾反馈"方式有利于提高小学生的相关认知负荷。

表 6-77　不同年龄学习者的最低认知负荷反馈方式

反馈方式	大学生			中学生			小学生		
	感知难度	努力程度	可用性	感知难度	努力程度	可用性	感知难度	努力程度	可用性
无反馈	—	√	—	—	—	—	—	—	—
及时反馈	—	—	—	—	—	—	—	—	—
脚注反馈	√	—	—	—	—	—	—	—	—
结尾反馈	—	—	—	—	—	—	—	√	—

五、本节结论

第一，时间反馈方式对中学生保持成绩的变化存在边缘性显著影响，对大学生与小学生保持成绩的变化无明显影响。

第二，时间反馈方式对大学生的迁移成绩的变化存在明显影响，对中学生和小学生迁移成绩的变化无明显影响。

第三，"脚注反馈"更有利于中学生反馈后保持成绩的提高。

第四，"及时反馈"最有利于大学生反馈后迁移成绩的提高。

第五，时间反馈方式对大学生的内在认知负荷和相关认知负荷以及小学生的相关认知负荷存在显著影响。

第六，"无反馈"有利于提高大学生的相关认知负荷；"结尾反馈"方式下小学生的相关认知负荷最高。

第五节　实验结果讨论

一、学习者控制实验

从本章"研究一"的研究结论可以看出，学习者交互控制方式对大学生影响较大，对小学生影响相对较小。"控制节奏"交互控制方式有利于大学生提高保持成绩和迁移成绩，也有利于中学生提高迁移成绩，而对小学生的学习效果没有积极影响。学习者把握学习节奏与学习效果之间的关系，总体上呈现出随年龄增大而逐渐成正比关系。

从实验结果可以看出，从影响的有效性上讲，学习者控制方式对大、中、小学生的影响与年龄成正比关系，即年龄越大影响越大，年龄越小影响越小，甚至没有影响。从中很明显地可以看出，年龄特征对此有着巨大影响。从影响的年龄分界线上讲，学习者控制方式，对中学生及以上学习者有影响。从不同学习者控制方式间的效果差异上讲，"控制节奏"最有利于学习者提升学习成绩。从引起学习者认知负荷变化的角度讲，学习者控制方式对大、中、小学生认知负荷的影响较为有限。

本实验结论说明了卡罗兰（Carolan）研究（学习者控制的平均效应几乎为零）的客观性和卡茨（Katz）等研究（学习者控制需与学习者特征相匹配）的可信度。但与梅耶（Mayer）的学习者控制原则的内容有所不同，说明梅耶（Mayer）的学习者控制原则（应给予所有学习者以控制节奏的权限，给予经验丰富的学习者更多的控制权限）有其适用范围。从本实验研究结论看，梅耶（Mayer）的学习者控制原则的适用范围为大学生，部分适用于中学生，在小学生中完全不适用。

研究一的研究结论基本验证了研究假设一：学习者自主控制学习节奏有利于提升学习效果，较多自主控制权限的积极作用随学习者年龄的增大而增强。根据研究结果及分析，我们可以在宏观上得出这样的结论：自主把握学习节奏对学习效果的积极作用随年龄增大而提高。

二、共享控制实验

从本章"研究二"的研究结论可以看出，视频类学习资源有利于大学生提高学习成绩，文本类学习资源更有利于中学生提高保持成绩，视频类学习资源有利于小学生提高保持成绩。同时，多元化学习资源有利于降低大学生内在认知负荷，多元化学习资源有利于降低小学生的内在、外在和相关认知负荷。多元化学习资源与学习效果之间，随学习者年龄的增大成正比关系。本实验结果显示，文本类学习资源更有利于中学生提高保持成绩。这种结果有些"意外"，因为中学生年龄介于大学生和小学生之间，研究结果显示含有视频的学习材料能够提高大学生和小学生保持成绩，也能提高大学生的迁移成绩，类似地，中学生也应该显示出类似的特点。不过这可能是这个年龄阶段的学习者对文字材料更加敏感的原因造成的。

从实验结果可以看出，实验结果没有呈现出共享控制与年龄之间的正比或反比关系。但依然呈现出在学习效果方面对大学生有较大影响，在认知负荷方面对小学生影响较大的特点，而中学生的数据结论在学习效果与认知负荷两个维度上，均没有介于大学生和小学生之间，且在这两个维度上均呈现出"J"字型特点，即在对学习效果的影响方面，对大学生影响较大，犹如"J"字最长的一竖，对中学生几乎没有影响，犹如"J"字的底部，而对小学生有部分影响，犹如"J"字左边较小的弯勾；而在对认知负荷的影响方面，亦呈现出"J"字型特点，但与前者相反，对大学生有部分影响，对中学生几乎没有影响，而对小学生影响较大。

究其原因，尤其是共享控制方式对中学生在学习效果和认知负荷两个维度上均无明显影响的原因，有可能与中学生的认知特点有关，也有可能是样本选择造成的，这需要后续研究的考证。但目前的证据显示，研究二的研究结果部分支持了研究假设二：在三种共享控制方式以及系统控制中，"文本+音频+视频"最有利于促进学习者成绩的提高，"文本+视频"次之，且这种积极作用随学习者年龄的增大而增强。未证实部分主要为关于中学生的研究数据，完全不支持此假设。因此根据我们的分析，可以得出这样的结论：共享控制设计规则：多元化资源环境对大、中、小学生的积极作用，随年龄变化呈"J"型分布。

三、内容反馈实验

从本章"研究三"的研究结论可以看出，"解释性反馈"更有利于大学生提升迁移成绩，"解释性反馈"更有利于中学生提升成绩，"答案性反馈"更有利于小学生提升保持成绩；"答案性反馈"和"解释性反馈"有利于降低小学生的外在认知负荷。同时，在宏观层面体现出"无反馈"及"纠正性反馈"不利于学习成绩的提高的特点。

从实验结果可以看出，内容反馈对大、中、小学生的学习成绩均有不同程度的影响，对他们的认知负荷几乎无影响。在不同内容反馈方式所体现出的差异方面，"解释性反馈"在大、中学生中显示出了明显的优势。与研究二的结论不同的是，本研究中内容反馈对学习者学习效果的影响呈现"n"字型特征，即对年龄分布位于中间的中学生影响最大，对大学生和小学生有部分影响。

这种实验结果，证实了莫里（Mory）研究（相关研究的结论并不一致）的客观性，也证实了哈蒂（Hattie）的研究结论（反馈类型和学习者个体特征对反馈结果均会产生影响）的合理性。"解释性反馈"的正向效应最大，这一点也部分证实了克拉克（Clark）等学者的结论，"解释性反馈"有积极作用，中值效应为 0.72，[①]以及梅耶（Mayer）的多媒体学习反馈原则（新手在解释反馈方面比纠正反馈更容易学习）。[②]但同样在小学生的实验结果中却没能体现出"解释性反馈"的优越性，说明内容反馈方式对学习者学习效果的影响，与学习者的年龄紧密关联。这也同样说明梅耶的反馈原则具有一定的适用范围。

---

① Clark R C, Mayer R E. E-Learning and the Science of Instruction: Proven Guidelines for Consumers and Designers of Multimedia Learning (4th Edition)[M]. John Wiley & Sons, 2016: 275.

② Mayer R E. The Cambridge Handbook of Multimedia Learning (Second Edition)[M]. Cambridge: Cambridge University Press, 2014: 450.

　　研究三的研究结论部分支持研究假设三：在所有年龄段中，解释性反馈最有利于学习成绩的提高，且年龄越大这种趋势越明显。在小学生的相关测试结果未能支持该假设。因此我们根据上述分析，得出以下结论：内容反馈设计规则为"解释性反馈"对大、中学生有积极作用。

四、时间反馈实验

　　从"研究四"的研究结论可以看出，不同时间反馈方式对学习者的学习成绩有一定影响，其中"及时反馈"更有利于大学生提升迁移成绩，"脚注反馈"更有利于中学生提升保持成绩；"及时反馈"有利于降低大学生的内在、相关认知负荷，"无反馈"有利于降低小学生的相关认知负荷。在总体上呈现出"无反馈"及"结尾反馈"不利于学习成绩的提高的特点。

　　从实验结果可以看出，在对学习效果的影响方面，时间反馈对仅对大学生和中学生有部分影响，对小学生没有影响；在引起认知负荷的变化方面，对大学生和小学生有部分影响，而对中学生没有影响。可见时间反馈方式对大、中、小学生影响有限，而且这种影响与年龄分布成正比，即年龄越大影响越大，年龄越小影响越小。

　　在目前的相关研究中，关于反馈"最佳时间"的研究较少，[①]但仍有相关理论可以用来解释反馈现象。双重编码理论认为，如果言语信息和画面信息在时间和空间上保持同步，则在信息编码的过程中，就会形成言语表征和视觉表征的连接，从而增加学习者提取信息的路径，提高学习者的学习效果和学习效率。由此，该理论可以在一定程度上解释本研究结论中"及时反馈"对提升大学生迁移成绩、降低大学生的内在认知负荷和相关认知负荷这个结论的理论性。在"及时反馈"材料的设计中，更容易使言语学习和画面学习在时间和空间上一致。

　　研究四的研究结果部分支持研究假设四：在所有年龄段中，及时反馈最有利于学习成绩的提高。主要原因是关于小学生的相关研究数据难以支持该假设，因此，我们根据研究数据及结论得出这样的结论：时间反馈方式均对小学生无积极作用，"及时反馈"与"脚注反馈"对大、中学生有积极作用。

---

① Mayer R E. The Cambridge Handbook of Multimedia Learning (Second Edition)[M]. Cambridge: Cambridge University Press, 2014: 460.

第七章　研究结论与展望

经过前面的深入分析与实证研究，本章将对本研究所得出的主要结论进行总结，并在此基础上进一步探讨本研究创新之处，同时对未来可能的研究方向进行展望，以期为相关领域的后续研究和实践提供有益的参考与启示。

第一节　研究结论与研究总结

一、研究结论

通过实验数据的分析及论证，得出了以下多媒体画面交互设计规则。

第一，学习者交互控制设计规则：自主把握学习节奏对学习效果的积极作用随年龄增大而变强。具体表现为：

自主把握学习节奏有利于大学生提升学习成绩；自主把握学习节奏有利于中学生提升迁移成绩；自主把握学习节奏对小学生的学习效果无影响。

第二，共享控制设计规则：多元化资源环境对大、中、小学生的积极作用，随年龄变化呈"J"型分布。具体表现为：

视频类学习资源有利于大学生提升学习成绩；文本类学习资源更有利于中学生提升保持成绩；视频类学习资源有利于小学生提升保持成绩；多元化学习资源有利于降低大学生内在认知负荷；"文本"有利于提高小学生的相关认知负荷，"文本+音频+视频"有利于降低高年级小学生的相关认知负荷。

第三，内容反馈设计规则："解释性反馈"对大、中学生有积极作用。具体表现为：

"解释性反馈"更有利于大学生提升迁移成绩；"解释性反馈"更有利于中学生提升成绩；"答案性反馈"更有利于小学生提升保持成绩；"答案性反馈"和"解释性反馈"有利于降低小学生的外在认知负荷。

第四，时间反馈设计规则：各时间反馈方式均对小学生无积极作用，"及时反馈"与"脚注反馈"对大、中学生有积极作用。具体表现为：

"及时反馈"更有利于大学生提升迁移成绩；"脚注反馈"更有利于中学生提升保持成绩；"及时反馈"有利于降低大学生的内在、相关认知负荷；"无反馈"有利于提高大学生的相关认知负荷，而"结尾反馈"有利于提高小学生的相关认知负荷。

二、研究总结

信息技术的高速发展正在深刻地改变着世界，也深刻地影响着整个传统教育的观念，如何利用信息技术来更好地服务于教育，是当前教育技术专业以及相关领域研究者应重点关注的问题。目前，信息技术已经被广泛地应用到学校教育教学活动中，我们应该思考如何通过多媒体画面交互性的有效设计来促进不同年龄学习者的学习。

　　多媒体画面是数字化学习资源的组成单元，也是数字化学习资源的具体表现形式。我们可以从多媒体画面交互性为切入点来研究数字化学习资源的有效设计。目前，关于多媒体画面的研究聚焦于图、文、像这三个构成要素，有关交互性的深入研究还比较缺乏。多媒体画面交互性是多媒体画面本身支持教学交互的属性，所以，本研究以此为研究对象，以探究多媒体画面交互设计规则为终极目标开展研究。研究之初，设立了两大研究目标：一是构建"多媒体画面交互性研究理论框架"；二是通过教学实验数据的分析，概括出部分多媒体画面交互设计规则。

　　理论框架的构建犹如建高楼，既需要支架，也需要内容。依据五大构成要素呈现方式和功能的区别，将对画面语构学、画面语义学和画面语用学的研究内容分为两类，将与多媒体画面交互性相关的内容划分出来作为基本内容，并以此从画面语构学、画面语义学和画面语用学中衍生出了语构交互性、语义交互性和语用交互性。这三个概念的建立作为多媒体画面交互性的三个研究层面，犹如为框架的构建搭建了支架，接下来的任务便是填充框架中的内容。框架中的内容便是这三层研究的影响因素，以及影响因素的构成成分。

　　研究内容的影响因素是决定多媒体画面交互设计的关键因素，对这些影响因素的提炼并非可以信手拈来。依据教学交互的传播属性以及数字化学习中多媒体画面的"中介作用"，通过相关概念，以及多媒体画面语言学理论、教学传播学相关理论等理论，最终确定了语构交互性的影响因素为多媒体画面的交互属性以及媒体符号；语义交互性的影响因素为教学内容及处理（教师对教学内容的处理）；语用交互性的影响因素为教师、学生和媒介。并通过相同的方式获得了这些影响因素的构成元素，及影响因素的分量。由此，我们在此基本条件下，依据相关理论最终构架了"多媒体画面交互设计要素模型"。该要素模型的构建，清晰地展示了多媒体画面交互性的结构和内容，为今后一定时期内的相关研究搭建了良好的研究框架，使相关研究形成系统化的体现成为可能。

　　第二项研究目标的实现，需要借助教学实验，并对实验数据进行分析最终形成规则。这个目标的完成的第一步就是开展教学实验。基于目前实验室情境下的教与学的实验存在的诸多问题，我们选择了真实教学情境下的教学实验。如此选择有以下好处。一是真实环境下的实验结论具有一定的"耐用性"，不存在实验结论向真实情境的转换的问题，实验结论更"可靠"。二是能够确保实验对被试人数的要求。只有被试达到一定的数量，得出的结论才具有广泛性和可信度，实验室的教学实验往往受限于各种约束，被试人数很难达到一定要求。三是真实教学环境下较大规模的教学实验更具有可操作性。本实验的实验对象分为大、中、小学生三个年龄层次，实验人数较多。如此规模的教学实验，在实验室环境下不具有可操作性。基于如此原因，最终选择了真实环境下的教学实验。

　　教学实验是在"多媒体画面交互设计要素模型"框架下展开的，基于时间、人力、物力等诸多现实因素的考量，我们只能对要素模型中的一小部分内容（某影响因素的构成元素）进行实验研究，最后得出部分多媒体画面交互设计规则。对于要素模型中其余大部分影响因素及其构成元素的研究，将在后续的研究中展开。在具体研究内容的选择方面，我们基于研究的重要性、现实条件的约束等进行综合评判，最终选择了"多媒体画面交互设计要素模型"语构交互设计层中"学习者"影响因素的"年龄"分量来进行。

在具体内容的选择方面，同样基于研究重要性和现实条件的约束等的综合考量，最终选择学习者控制和反馈这两种最基本的教学交互形式作为实验内容。我们的实验的目标就是通过实验来研究"多媒体画面交互设计要素模型"中"年龄"因素对多媒体画面交互设计的影响，最终得出相应的设计规则。通过对研究内容和实验内容的分析和选择，最终我们确定开展以下实验：学习者控制实验、共享控制实验、结果反馈实验和时间反馈实验。

在实验的具体设计和实施上，借鉴了前人的实验范式，并依据相关的理论设计实验材料、测试材料、实验操作方式等。最终分别选择了一所大学、两所中学和一所小学，分别进行大、中、小学生年龄层次的教学实验。历时数周终于完成了达 3200 多人次的教学实验，并得到了相关的数据。然后通过 SPSS 软件的分析，对从大、中、小学生不同年龄研究对象得出的结论进行概括，最终得到了四类（含 16 条细则）多媒体画面交互设计规则。

第二节　创新之处与研究展望

一、创新之处

本研究的创新之处主要有以下几个方面。

（一）推演出了语构交互性等三个新概念

本研究基于多媒体画面语言学理论衍生出语构交互性、语义交互性和语用交互性三个概念。这三个概念的诞生在一定程度上丰富了多媒体画面交互性的研究内涵，有利于多媒体画面交互性的系统性研究，为"多媒体画面交互设计要素模型"中理论框架的搭建奠定了坚实的基础。

（二）提出了部分多媒体画面交互设计规则

本研究基于多媒体画面语言学理论、教学传播学理论、教学交互层次塔理论等提出了"多媒体画面交互设计要素模型"，该要素模型的提出进一步丰富了多媒体画面语言学理论体系，对多媒体画面交互性的后续研究具有重要的理论价值和现实意义；并依据"多媒体画面交互设计要素模型"和相关理论，通过教学实验数据的分析得出了四类（含 16 条细则）多媒体画面交互设计规则，这些设计规则对多媒体画面交互设计具有重要的指导意义和现实价值。

（三）研究结论适用面较广

本研究的研究结论为四类共 16 条多媒体画面交互设计规则，这些规则是在以大、中、小学生为研究对象的教学实验的基础上提出的，相较于以往主要以大学生为主要研究对象的做法而言，本研究结论适用面较广，适用于数字化环境下，大、中、小学生三个年龄阶段的学习者。

二、后续研究

综合上述实验研究结论及不足，我们认为有以下几个问题值得进一步探索。

（一）进一步完善"多媒体画面交互设计要素模型"的内容

"多媒体画面交互设计要素模型"是从语言学的角度得出的多媒体画面交互设计要素模型，对多媒体画面交互设计具有重要的理论价值和现实意义。在后续的研究中，我们将继续围绕"多媒体画面交互设计要素模型"展开相关研究，以形成多媒体画面交互性的系统性研究。

（二）运用新技术挖掘交互效应的深层作用机制

在后续的研究中，除了运用常规的教学实验进行研究外，还将根据研究的特点和现实需要，尝试运用眼动、电脑等技术，深度挖掘教学交互中交互效应的深层作用机制，进一步揭示多媒体画面交互设计的普遍规律。

（三）三层交互性问题的深入探讨

语构交互性、语义交互性和语用交互性三者的众多影响因素，对多媒体画面交互设计有着不同程度的影响。在后续研究中，将继续研究不同影响因素的作用强度和影响力大小差异，分清其中的主要矛盾和次要矛盾，厘清其中不同影响因素之间的关联，从而进一步指导教学实际中的多媒体画面交互设计。

参考文献

一、中文文献

[1] [俄]列夫·维果茨基. 思维与语言[M]. 李维, 译. 北京: 北京大学出版社, 2010.

[2] [法]安德烈·焦尔当. 学习的本质[M]. 杭零, 译. 上海: 华东师范大学出版社, 2015.

[3] [法]安德烈·焦尔当, 裴新宁, 高文. 变构模型: 学习研究的新路径[M]. 杭零, 译. 北京: 教育科学出版社, 2010.

[4] [美]大卫·伊斯利, 乔恩·克莱因伯格. 网络、群体与市场: 揭示高度互联世界的行为原理与效应机制[M]. 李晓明, 王卫红, 杨韫利译. 北京: 清华大学出版社, 2011.

[5] [美]德克森. 认知设计: 提升学习体验的艺术[M]. 简驾, 译. 北京: 机械工业出版社, 2013.

[6] [美]理查德·E. 迈耶. 多媒体学习[M]. 牛勇, 邱香, 译. 北京: 商务印书馆, 2006.

[7] [美]尼尔森, 佩尼斯. 用眼动追踪提升网站可用性[M]. 冉令华, 张欣, 刘太杰, 译. 北京: 电子工业出版社, 2011.

[8] [日]西村克己. 逻辑思考力[M]. 邢舒睿, 译. 北京: 中国人民大学出版社, 2013.

[9] [瑞]费尔迪南·德·索绪尔. 普通语言学教程[M]. 高名凯, 译. 北京: 商务印书馆, 1980.

[10] [英]威多逊. 语言学[M]. 上海: 上海外语教育出版社, 2004.

[11] 陈建华. 基础教育哲学（第二版）[M]. 北京: 北京大学出版社, 2016.

[12] 陈丽. 远程教育[M]. 北京: 高等教育出版社, 2011.

[13] 陈明选, 王诗佳. 测评大数据支持下的学习反馈设计研究[J]. 电化教育研究, 2018（03）.

[14] 岑运强. 语言学概论[M]. 北京: 中国人民大学出版社, 2004.

[15] 方旭. 生态学视角下的 MOOC 发展研究[M]. 北京: 科学出版社, 2016.

[16] 郭绍青. 信息技术教育的理论与实践[M]. 北京: 中国人事出版社, 2002.

[17] 韩宝育. 语言学概论[M]. 西安: 西北大学出版社, 2007.

[18] 胡德海. 教育学原理[M]. 兰州: 甘肃教育出版社, 2006.

[19] 纪德奎. 变革与重建: 课堂优质化建设研究[M]. 北京: 中国社会科学出版社, 2011.

[20] 李素敏, 许双全. 教育法制概论[M]. 北京: 中国人事出版社, 2002.

[21] 刘光然. 多媒体技术与应用教程[M]. 北京: 人民邮电出版社, 2009.

[22] 刘儒德. 学习心理学[M]. 北京: 高等教育出版社, 2010.

[23] 刘同昌. 网络学习: 崛起、挑战与应对[M]. 青岛: 青岛出版社, 2006.

[24] 沈德立. 高效率学习的心理学研究[M]. 北京: 教育科学出版社, 2006.

[25] 王尹芬. 教育哲学[M]. 长春: 吉林大学出版社, 2016.

[26] 韦洪涛. 学习心理学[M]. 北京：化学工业出版社，2011.

[27] 魏雪峰. 问题解决与认知模拟——以数学问题为例[M]. 北京：中国社会科学出版社，2017.

[28] 武法提. 网络课程设计与开发[M]. 北京：高等教育出版社，2007.

[29] 阎国利. 眼动分析法在心理学研究中的应用（第 2 版）[M]. 天津：天津教育出版社，2004.

[30] 杨小微. 教育研究的理论与方法[M]. 北京：北京师范大学出版社，2008.

[31] 游泽清. 多媒体画面艺术基础[M]. 北京：高等教育出版社，2003.

[32] 游泽清. 多媒体画面艺术设计[M]. 北京：清华大学出版社，2009.

[33] 游泽清. 多媒体画面艺术应用[M]. 北京：清华大学出版社，2012.

[34] 张立新. 教育技术的理论与实践[M]. 北京：科学出版社，2009.

[35] 蔡敏. 网络教学的交互性及其评价指标研究[J]. 电化教育研究，2007（11）.

[36] 陈丽，刘慧琼. 媒体界面交互设计的流程和原则[J]. 中国远程教育，2006（07）.

[37] 陈丽，王志军. 三代远程学习中的教学交互原理[J]. 中国远程教育，2016（10）.

[38] 陈丽. 计算机网络中学生间社会性交互的规律[J]. 中国远程教育，2004（11）.

[39] 陈丽. 术语"教学交互"的本质及其相关概念的辨析[J]. 中国远程教育，2004（03）.

[40] 陈丽. 网络异步交互环境中学生间社会性交互的质量——远程教师培训在线讨论的案例研究[J]. 中国远程教育，2004（13）.

[41] 陈丽. 远程教学中交互规律的研究现状述评[J]. 中国远程教育，2004（01）.

[42] 陈丽. 远程教育中教学媒体的交互性研究[J]. 中国远程教育，2004（07）.

[43] 陈丽. 远程学习的教学交互模型和教学交互层次塔[J]. 中国远程教育，2004（05）.

[44] 陈丽. 远程学习中的教学交互原理与策略[J]. 中国远程教育，2016（09）.

[45] 陈丽. 远程学习中的信息交互活动与学习者信息交互网络[J]. 中国远程教育，2004（09）.

[46] 丁新，任为民. 现代远程教育试点的分析与思考[J]. 中国远程教育，2000（06）.

[47] 丁兴富，李新宇. 远程教学交互作用理论的发展演化[J]. 现代远程教育研究，2009（03）.

[48] 丁兴富. 基础教育信息化的突破口：从校校通到班班通——革新课堂教与学的新生代技术（1）[J]. 电化教育研究，2004（11）.

[49] 丁兴富. 交互白板及其在我国中小学课堂教学中的应用研究[J]. 中国电化教育，2005（03）.

[50] 丁兴富. 论远程教育中的学习者学习支助服务（上）[J]. 中国电化教育，2002（03）.

[51] 丁兴富. 论远程学习的理论和模式[J]. 开放教育研究，2006（03）.

[52] 丁兴富. 远程教育的哲学理论[J]. 中国远程教育，2001（04）.

[53] 樊敏生，武法提，王瑜. 数字阅读：电子书对小学生语文阅读能力的影响[J]. 电化教育研究，2016（12）.

[54] 范福兰，张屹，白清玉，等. 基于交互式微视频教学资源教学模式的应用效果分析[J]. 现代教育技术，2012（06）.

[55] 宫副照美，特里·安德森，王志军. 等效交互原理[J]. 中国远程教育，2014（03）.

[56] 宫添辉美，特里·安德森，王志军. 开放教育资源、大规模开放网络课程（MOOCs）和非正式学习时代中的等效交互[J]. 中国远程教育，2014（07）.

[57] 龚少英，张盼盼，上官晨雨. 学习者控制和任务难度对多媒体学习的影响[J]. 心理与行为研究，2017（03）.

[58] 郭绍青，贺相春，张进良，等. 关键技术驱动的信息技术交叉融合——网络学习空间内涵与学校教育发展研究之一[J]. 电化教育研究，2017（05）.

[59] 郭绍青，杨滨. 高校微课"趋同进化"教学设计促进翻转课堂教学策略研究[J]. 中国电化教育，2014（04）.

[60] 郭绍青，张进良，贺相春. 美国 K-12 开放教育资源：政策、项目与启示[J]. 电化教育研究，2016（07）.

[61] 郭绍青，张进良，郭炯，等. 网络学习空间变革学校教育的路径与政策保障——网络学习空间内涵与学校教育发展研究之七[J]. 电化教育研究，2017（08）.

[62] 韩锡斌，葛文双，周潜，等. MOOC 平台与典型网络教学平台的比较研究[J]. 中国电化教育，2014（01）.

[63] 何克抗. 中国特色教育技术理论的形成与发展[J]. 北京大学教育评论，2013（03）.

[64] 何克抗. 教学支架的含义、类型、设计及其在教学中的应用——美国《教育传播与技术研究手册（第四版）》让我们深受启发的亮点之一[J]. 中国电化教育，2017（04）.

[65] 何克抗. 对反馈内涵的深层认知和有效反馈的规划设计——美国《教育传播与技术研究手册（第四版）》让我们深受启发的亮点之二[J]. 中国电化教育，2017（05）.

[66] 何克抗. 2000 年以来教学设计的新发展——对美国《教育传播与技术研究手册（第四版）》的学习与思考之一[J]. 开放教育研究，2016（06）.

[67] 何克抗. 灵活学习环境与学习能力发展——对美国《教育传播与技术研究手册（第四版）》的学习与思考之二[J]. 开放教育研究，2017（01）.

[68] 何克抗. 促进个性化学习的理论、技术与方法——对美国《教育传播与技术研究手册（第四版）》的学习与思考之三[J]. 开放教育研究，2017（02）.

[69] 何克抗. 新技术在教育中应用的重要趋势：利用交互界面与交互空间支持学习——对美国《教育传播与技术研究手册（第四版）》的学习与思考之五[J]. 开放教育研究，2017（04）.

[70] 何克抗. 教学代理与自适应学习技术的新发展——对美国《教育传播与技术研究手册（第四版）》的学习与思考之六[J]. 开放教育研究，2017（05）.

[71] 何克抗.《教育传播与技术研究手册（第四版）》：主要缺陷与不足——对美国《教育传播与技术研究手册（第四版）》的学习与思考之七[J]. 开放教育研究，2017（06）.

[72] 何克抗. Web 2.0 应用的理论基础及多样化实践——《教育传播与技术研究手册（第

四版)》对信息化教学的启示[J]. 现代远程教育研究，2017（01）.

[73] 何晓萍，江毅. 国际远程教育研究的可视化分析[J]. 中国远程教育，2016（11）.

[74] 焕彩熙，杰伦·J.G. 范梅里恩伯尔，弗莱德·帕斯，等. 物理环境对认知负荷和学习的影响：认知负荷新模型探讨[J]. 开放教育研究，2018（01）.

[75] 黄荣怀，胡永斌，杨俊锋，等. 智慧教室的概念及特征[J]. 开放教育研究，2012（02）.

[76] 黄荣怀. CSCL 的理论与方法[J]. 电化教育研究，1999（06）.

[77] 纪德奎，郭炎华. 翻转课堂"四问"——兼论没有微课也能实现课堂翻转[J]. 课程. 教材. 教法，2017（06）.

[78] 纪德奎，刘可心. 微学习的内涵、促进机理与运用[J]. 教育科学研究，2017（12）.

[79] 李富洪，孙芬. 基于反馈加工的规则学习：研究儿童认知灵活性的新范式[J]. 心理科学，2017（06）.

[80] 李华，龚艺，纪娟，等. 面向 MOOC 的学习管理系统框架设计[J]. 现代远程教育研究，2013（03）.

[81] 李晶，郁舒兰，金冬. 均衡认知负荷的教学设计及知识呈现[J]. 电化教育研究，2018（03）.

[82] 李素敏，纪德奎，成莉霞. 知识的意义建构与基本条件[J]. 课程·教材·教法，2015（03）.

[83] 李彤彤，武法提. 给养视域下网络学习环境的生态结构新解[J]. 电化教育研究，2016（11）.

[84] 李彤彤，武法提. 网络学习环境的给养分析与具体化描述[J]. 现代远程教育研究，2016（05）.

[85] 李芒. 从系统论到关系论——论信息社会教学设计理论的新发展[J]. 电化教育研究，2001（02）.

[86] 梁云真，朱珂，赵呈领. 协作问题解决学习活动促进交互深度的实证研究[J]. 电化教育研究，2017（10）.

[87] 刘成新. 网络教学资源的设计、开发与评价[J]. 电化教育研究，2000（03）.

[88] 刘光然，陈建珍，朱丹丹. 基于一体化教学的三维交互模式的构建及应用[J]. 现代教育技术，2012（06）.

[89] 刘世清，周鹏. 文本—图片类教育网页的结构特征与设计原则——基于宁波大学的眼动实验研究[J]. 教育研究，2011（11）.

[90] 刘世清. 多媒体学习与研究的基本问题——中美学者的对话[J]. 教育研究，2013（04）.

[91] 刘哲雨，侯岸泽，王志军. 多媒体画面语言表征目标促进深度学习[J]. 电化教育研究，2017（03）.

[92] 刘哲雨，王志军，倪晓萌. Avatar 虚拟环境支持 CALLA 模式的教学研究[J]. 现代

教育技术，2016（07）.

[93] 刘哲雨，王志军. 行为投入影响深度学习的实证探究——以虚拟现实（VR）环境下的视频学习为例[J]. 远程教育杂志，2017（01）.

[94] 牟智佳，武法提. 电子教材写作工具的交互元件设计与功能实现[J]. 中国电化教育，2015（08）.

[95] 秦健，杜晓辉，马红亮. Moodle 学习管理平台交互性的实证分析[J]. 中国电化教育，2011（02）.

[96] 桑新民，郑旭东. 凝聚学科智慧引领专业创新——教育技术学与学习科学基础研究的对话[J]. 中国电化教育，2011（06）.

[97] 师书恩，武法提，李云程. CAI 课件的设计和实现[J]. 中国电化教育，1996（11）.

[98] 石映辉，杨宗凯，杨浩，等. 国外交互式电子白板教育应用研究[J]. 中国电化教育，2012（05）.

[99] 苏小兵，管珏琪，钱冬明，等. 微课概念辨析及其教学应用研究[J]. 中国电化教育，2014（07）.

[100] 苏孝贞，王志军. 严谨的网络学习交互研究：对未来远程学习研究的启示[J]. 中国远程教育，2014（05）.

[101] 孙崇勇. 认知负荷的测量及其在多媒体学习中的应用[J]. 高等教育研究，2015，36（12）.

[102] 孙洪涛，陈丽，王志军. 远程学习工具交互性研究[J]. 中国远程教育，2017（04）.

[103] 唐汉琦. 高等教育普及化时代的大学治理[J]. 中国高教研究，2016（04）.

[104] 特里·安德森，王志军. 希望/冒险：大规模开放网络课程（MOOCs）与开放远程教育[J]. 中国电化教育，2014（01）.

[105] 特里·安德森，董秀华. 再论混合权利：一种最新的有关交互的理论定理[J]. 开放教育研究，2004（04）.

[106] 田富鹏，焦道利. 信息化环境下高校混合教学模式的实践探索[J]. 电化教育研究，2005（04）.

[107] 田静. 远程教育中交互影响距离理论的扩展应用与启示[J]. 中国电化教育，2010（09）.

[108] 王萍. 微信移动学习的支持功能与设计原则分析[J]. 远程教育杂志，2013（06）.

[109] 王小雪，刘菁，唐恒涛，等. 再度审视美国远程教育发展现状——AECT 远程教育分会核心团队访谈反思[J]. 现代远程教育研究，2017（02）.

[110] 王雪，王志军，付婷婷，等. 多媒体课件中文本内容线索设计规则的眼动实验研究[J]. 中国电化教育，2015（05）.

[111] 王雪，王志军，候岸泽. 网络教学视频字幕设计的眼动实验研究[J]. 现代教育技术，2016（02）.

[112] 王雪，王志军，李晓楠. 文本的艺术形式对数字化学习影响的研究[J]. 电化教育

研究，2016（10）.

[113] 王雪，王志军，付婷婷. 交互方式对数字化学习效果影响的实验研究[J]. 电化教育研究，2017（07）.

[114] 王雪，周围，王志军. 教学视频中交互控制促进有意义学习的实验研究[J]. 远程教育杂志，2018，36（01）.

[115] 王志军，陈丽，陈敏，等. 远程学习中教学交互层次塔的哲学基础探讨[J]. 中国远程教育，2016（09）.

[116] 王志军，陈丽，陈敏，等. 远程学习中学习资源的交互性分析[J]. 中国远程教育，2017（02）.

[117] 王志军，陈丽，韩世梅. 远程学习中学习环境的交互性分析框架研究[J]. 中国远程教育，2016（12）.

[118] 王志军，陈丽. 国际远程教育教学交互理论研究脉络及新进展[J]. 开放教育研究，2015（02）.

[119] 王志军，陈丽. 联通主义学习的教学交互理论模型建构研究[J]. 开放教育研究，2015（05）.

[120] 王志军，陈丽. 联通主义学习理论及其最新进展[J]. 开放教育研究，2014（05）.

[121] 王志军，温小勇，施鹏华. 技术支持下思维可视化课堂的构建研究——以小学语文阅读教学为例[J]. 中国电化教育，2015（06）.

[122] 王志军，吴向文，冯小燕，等. 基于大数据的多媒体画面语言研究[J]. 电化教育研究，2017（04）.

[123] 王志军. 迈向学习与研究的开放时代——再访国际远程教育先驱特里·安德森教授[J]. 开放教育研究，2015（01）.

[124] 王志军. 远程教学交互研究的新视角：结构主义[J]. 现代远程教育研究，2013（05）.

[125] 王志军. 远程教育中"教学交互"本质及相关概念再辨析[J]. 电化教育研究，2016（04）.

[126] 王志军. 中国远程教育交互十年文献综述[J]. 中国远程教育，2013（09）.

[127] 王志军，特里·安德森，陈丽，等. 远程学习中教学交互的研究范式与方法[J]. 中国远程教育，2018（02）.

[128] 王金柱. 基于系统论的技术设计的简单性原则[J]. 系统科学学报，2015（04）.

[129] 吴向文，王志军. 2001—2015 年境内外教师教育研究文献计量分析及其启示[J]. 教师教育研究，2016（06）.

[130] 吴筱萌. 交互式电子白板课堂教学应用研究[J]. 中国电化教育，2011（03）.

[131] 吴咏荷，托马斯·希·里夫斯，王志军. 网络学习中的有意义交互：社会建构主义的视角[J]. 中国远程教育，2014（01）.

[132] 吴忠良，赵磊. 基于网络学习空间的翻转课堂教学模式初探[J]. 中国电化教育，

2014（04）.

[133] 武法提，石妤. 网络课程的交互设计及其实现[J]. 开放教育研究，2009（01）.

[134] 武法提，牟智佳. 电子书包中基于大数据的学生个性化分析模型构建与实现路径[J]. 中国电化教育，2014（03）.

[135] 武法提，李彤彤. 远程教学目标的差异化设计方法与可行性验证[J]. 现代远程教育研究，2017（05）.

[136] 武法提，张琪. 学习行为投入：定义、分析框架与理论模型[J]. 中国电化教育，2018（01）.

[137] 温小勇. 教育图文融合设计规则的构建研究[D]. 天津师范大学，2017.

[138] 桑新民，郑旭东. 凝聚学科智慧引领专业创新——教育技术学与学习科学基础研究的对话[J]. 中国电化教育，2011（06）.

[139] 谢舒潇，黎景培. 网络环境下基于问题的协作学习模式的构建与应用[J]. 电化教育研究，2002（08）.

[140] 严莉，苗浩，王玉琴. 梅耶多媒体教学设计原理的生成与架构[J]. 现代远程教育研究，2013（04）.

[141] 杨晓哲，任友群. 高中信息技术学科的价值追求：数字化学习与创新[J]. 中国电化教育，2017（01）.

[142] 杨现民. 信息时代智慧教育的内涵与特征[J]. 中国电化教育，2014（01）.

[143] 杨彦军，郭绍青，童慧. 城乡教师的网络学习共同体互动特征研究[J]. 中国电化教育，2011（11）.

[144] 杨彦军，郭绍青. E-Learning 学习资源的交互设计研究[J]. 现代远程教育研究，2012（01）.

[145] 游泽清，卢铁军. 谈谈"多媒体"概念运用中的两个误区[J]. 电化教育研究，2005（06）.

[146] 游泽清，卢铁军. 谈谈有关多媒体教材建设方面的两个问题[J]. 中国信息技术教育，2010（15）.

[147] 游泽清，庞大勇. 声音媒体在多媒体教材中的运用[J]. 中国电化教育，2003（10）.

[148] 游泽清，曲建峰，金宝琴. 多媒体教材中运动画面艺术规律的探讨[J]. 中国电化教育，2003（08）.

[149] 游泽清.《多媒体画面艺术理论》是如何创建出来的[J]. 中国电化教育，2010（06）.

[150] 游泽清. 创建一门多媒体艺术理论[J]. 中国电化教育，2008（08）.

[151] 游泽清. 多媒体画面语言的语法[J]. 信息技术教育，2002（12）.

[152] 游泽清. 多媒体画面语言中的认知规律研究[J]. 中国电化教育，2004（11）.

[153] 游泽清. 多媒体教材中运用交互性的艺术[J]. 中国电化教育，2003（11）.

[154] 游泽清. 画面语构学——多媒体画面语言的语法规则[J]. 中国信息技术教育，2011（21）.

[155] 游泽清. 开启"画面语言"之门的三把钥匙[J]. 中国电化教育, 2012 (02).

[156] 游泽清. 认识一种新的画面类型——多媒体画面[J]. 中国电化教育, 2003 (07).

[157] 游泽清. 如何开展对多媒体画面认知规律的研究[J]. 中国电化教育, 2005 (10).

[158] 游泽清. 谈谈多媒体画面艺术理论[J]. 电化教育研究, 2009 (07).

[159] 余胜泉. 典型教学支撑平台的介绍[J]. 中国远程教育, 2001 (02).

[160] 翟雪松, 董艳, 胡秋萍, 等. 基于眼动的刺激回忆法对认知分层的影响研究[J]. 电化教育研究, 2017, 38 (12).

[161] 詹青龙, 张静然, 邵银娟, 等. 移动学习的理论研究和实践探索——与迈克·沙尔普斯教授的对话[J]. 中国电化教育, 2010 (03).

[162] 张建伟, 吴庚生, 李绯. 中国远程教育的实施状况及其改进——一项针对远程学习者的调查[J]. 开放教育研究, 2003 (04).

[163] 张进良, 郭绍青, 贺相春. 个性化学习空间(学习空间 V3.0)与学校教育变革——网络学习空间内涵与学校教育发展研究之五[J]. 电化教育研究, 2017, 38 (07).

[164] 张进良, 贺相春, 赵健. 交互与知识生成学习空间(学习空间 V2.0)与学校教育变革——网络学习空间内涵与学校教育发展研究之四[J]. 电化教育研究, 2017, 38 (06).

[165] 张婧婧, 杨业宏, 安欣. 弹幕视频中的学习交互分析[J]. 中国远程教育, 2017 (11).

[166] 张琪, 武法提. 学习分析中的生物数据表征——眼动与多模态技术应用前瞻[J]. 电化教育研究, 2016 (09).

[167] 张筱兰, 郭绍青, 刘军. 知识存储与共享学习空间(学习空间 V1.0)与学校教育变革——网络学习空间内涵与学校教育发展研究之三[J]. 电化教育研究, 2017, 38 (06).

[168] 张新明, 何文涛, 李振云. 基于 QQ 群+Tablet PC 的翻转课堂[J]. 电化教育研究, 2013 (08).

[169] 张屹, 白清玉, 马静思, 等. 交互式电子双板环境下的课堂交互性研究——以高校"教育技术学研究方法"课堂教学为例[J]. 电化教育研究, 2014 (03).

[170] 郑旭东, 吴博靖. 多媒体学习的科学体系及其历史地位——兼谈教育技术学走向"循证科学"之关键问题[J]. 现代远程教育研究, 2013 (01).

[171] 朱珂. 网络学习空间交互性、沉浸感对学习者持续使用意愿的影响研究[J]. 中国电化教育, 2017 (02).

[172] 朱珂. 网络学习空间中学习者交互分析模型及应用研究[J]. 电化教育研究, 2017, 38 (05).

[173] 赵立影. 多媒体学习中的知识反转效应研究[D]. 上海: 华东师范大学, 2014.

[174] 董艳, 陈辉. 生成式人工智能赋能跨学科创新思维培养: 内在机理与模式构建[J]. 现代教育技术, 2024, 34 (04).

[175] 董艳, 唐天奇, 普琳洁, 等. 教育 5.0 时代: 内涵、需求和挑战[J]. 开放教育研究, 2024, 30 (02).

[176] 董艳, 夏亮亮, 李心怡, 等. ChatGPT 赋能学生学习的路径探析[J]. 电化教育研

究，2023，44（12）.

[177] 温小勇，熊金红，孙思梦，等. 中学生在线学习认同度的研究[J]. 赣南师范大学学报，2023，44（06）.

[178] 翟雪松，吴庭辉，李翠欣，等. 数字人教育应用的演进、趋势与挑战[J]. 现代远程教育研究，2023，35（06）.

[179] 翟雪松，吴庭辉，袁婧，等. 教育对人工智能应用的反哺价值探究——基于生成式模型到世界模型的视角[J]. 远程教育杂志，2023，41（06）.

[180] 翟雪松，楚肖燕，顾建民，等. 从知识共享到知识共创：教育元宇宙的去中心化知识观[J]. 华东师范大学学报（教育科学版），2023，41（11）.

[181] 冯小燕，索笑尘，李兆峰，等. 增强现实何以赋能学习？——具身学习视角下的实证研究[J]. 现代教育技术，2023，33（10）.

[182] 刘潇，贺肖肖，冯廷珺，等. 增强现实画面与知识类型的适配性研究——基于安德森的细化知识分类[J]. 现代教育技术，2023，33（10）.

[183] 董艳，吴佳明，赵晓敏，等. 学习者内部反馈的内涵、机理与干预策略[J]. 现代远程教育研究，2023，35（03）.

[184] 王雪，王鋆羽，乔玉飞，等. 在线课程资源的"学测一体"游戏化设计：理论模型与作用机制[J]. 电化教育研究，2023，44（02）.

[185] 王雪，张蕾，王鋆羽，等. 弹幕教学视频中学习者的眼动行为模式及其作用机制研究[J]. 远程教育杂志，2022，40（05）.

[186] 翟雪松，许家奇，王永固. 在线教育中的学习情感计算研究——基于多源数据融合视角[J]. 华东师范大学学报（教育科学版），2022，40（09）.

[187] 王雪，乔玉飞，王鋆羽，等. 教育智能体如何影响学习者情绪与学习效果？——基于国内外39篇实验或准实验研究文献的元分析[J]. 现代教育技术，2022，32（08）.

[188] 刘哲雨，刘宇晶，周继慧. 桌面虚拟现实环境中自我效能感如何影响学习结果——基于心流体验的中介作用[J]. 远程教育杂志，2022，40（04）.

[189] 刘哲雨，周继慧，周加仙. 教育神经科学视角下促进心理体验的智慧教学活动设计[J]. 现代教育技术，2022，32（07）.

[190] 王雪，高泽红，张蕾，等. 价值诱导促进视频学习的机制和策略研究：基于多模态数据的分析[J]. 电化教育研究，2022，43（02）.

[191] 翟雪松，楚肖燕，李艳. 融合视觉健康的在线学习环境设计原则与技术路径[J]. 现代教育技术，2021，31（12）.

[192] 王雪，徐文文. 拍摄视角对视频学习的影响机制——基于多模态数据的分析[J]. 现代远距离教育，2022，（02）.

[193] 冯小燕，王方圆，赵甜英，等. 教学视频播放速度与难易程度对学习的影响研究[J]. 远程教育杂志，2021，39（06）.

[194] 王雪，张蕾，杨文亚，等. 在线学习资源如何影响学业情绪和学习效果——基于

控制—价值理论的元分析[J]. 现代远程教育研究，2021，33（05）.

[195] 刘哲雨，王媛，杨慕娴. 技术支持视角下元认知策略对中小学生学业成绩的影响研究——基于 54 篇相关外文文献的元分析[J]. 现代教育技术，2021，31（08）.

[196] 董艳，罗泽兰，杨韵莹，等. 教育信息化 2.0 时代视角下的教师反馈素养研究[J]. 电化教育研究，2021，42（08）.

[197] 王雪，杨文亚，卢鑫，等. 生成性学习策略促进 VR 环境下学习发生的机制研究[J]. 远程教育杂志，2021，39（03）.

[198] 董艳，李心怡，郑娅峰，等. 智能教育应用的人机双向反馈：机理、模型与实施原则[J]. 开放教育研究，2021，27（02）.

[199] 王雪，高泽红，徐文文，等. 反馈的情绪设计对视频学习的影响机制研究[J]. 电化教育研究，2021，42（03）.

[200] 温小勇，周玲，刘露，等. 小学科学课程思维型教学框架的构建[J]. 教学与管理，2020，（24）.

[201] 王志军，曹晓静. 数字化学习资源画面色彩表征影响学习注意的研究[J]. 远程教育杂志，2020，38（03）.

[202] 冯小燕，张丽莉，张梦思，等.MOOC 视频播放速度对认知加工影响的实验研究[J]. 现代教育技术，2020，30（02）.

[203] 王雪，徐文文，高泽红，等. 虚拟现实技术的教学应用能提升学习效果吗？——基于教学设计视角的 38 项实验和准实验的元分析[J]. 远程教育杂志，2019，37（06）.

[204] 刘潇，王志军，曹晓静. 基于用户体验的增强现实教材设计研究[J]. 教学与管理，2019，（33）.

[205] 王雪，王志军，韩美琪. 技术环境下学习科学与教学设计的新发展——访多媒体学习研究创始人 RichardMayer 教授[J]. 中国电化教育，2019，（10）.

[206] 刘潇，王志军，曹晓静，等.AR 技术促进科学教育的实验研究[J]. 实验室研究与探索，2019，38（08）.

[207] 温小勇，刘露，李一帆. 情感表征对多媒体学习体验的影响研究[J]. 赣南师范大学学报，2019，40（03）.

[208] 刘哲雨，郝晓鑫，曾菲，等. 反思影响深度学习的实证研究——兼论人类深度学习对机器深度学习的启示[J]. 现代远程教育研究，2019，（01）.

二、英文文献

[1] Alessi S M, Trollip S R. Multimedia for learning: Methods and development[M]. Allyn & Bacon, Inc., 2000.

[2] Boyle T. Design for multimedia learning[M]. Prentice-Hall, Inc., 1997.

[3] Duchowski A T, Duchowski A T. Eye tracking methodology: Theory and practice[M]. Springer, 2017.

[4] Mayer R E. Multimedia learning[M]. Cambridge university press, 2009.

[5] Mayer R E. Multimedia Learning (Second Edition)[M]. Cambridge: Cambridge University Press,2009.

[6] Mayer R E. Multimedia Learning[M]. Cambridge: Cambridge University Press,2001.

[7] Mayer R E. The Cambridge Handbook of Multimedia Learning (Second Edition)[M]. Cambridge: Cambridge University Press,2014.

[8] Mayer R E. The Cambridge Handbook of Multimedia Learning[M]. Cambridge: Cambridge University Press,2005.

[9] Clark R C, Mayer R E. E-learning and the science of instruction: Proven guidelines for consumers and designers of multimedia learning(3rd Edition)[M]. John Wiley & Sons, 2011.

[10] Clark R C, Mayer R E. E-Learning and the Science of Instruction: Proven Guidelines for Consumers and Designers of Multimedia Learning(4th Edition)[M]. John Wiley & Sons, 2016.

[11] Mayer R E. The Cambridge handbook of multimedia learning[M]. Cambridge University Press, 2005.

[12] Ajjan H, Hartshorne R. Investigating faculty decisions to adopt Web 2.0 technologies: Theory and empirical tests[J]. The internet and higher education, 2008, 11(2): 71-80.

[13] Angeli C, Valanides N. Epistemological and methodological issues for the conceptualization, development, and assessment of ICT-TPCK: Advances in technological pedagogical content knowledge (TPCK)[J]. Computers & education, 2009, 52(1): 154-168.

[14] Baker, M; Lund, K.Promoting reflective interactions in a CSCL environment [J].Journal of computer assisted learning, 1997, 13(3): 175-193.

[15] Bates A W. Interactivity as a criterion for media selection in distance education [J].Never Too Far,1990,16:5-9.

[16] Belz, J A. Linguistic perspectives on the development of intercultural competence in telecollaboration[J].Language Learning & Technology, 2003, 7(2): 68-117.

[17] Borsook T K, Higginbotham-Wheat N. Interactivity: What is it and what can it do for computer-based instruction?[J]. Educational Technology, 1991, 31(10): 11-17.

[18] Chu H C, Hwang G J, Tsai C C. A knowledge engineering approach to developing mindtools for context-aware ubiquitous learning[J]. Computers & Education, 2010, 54(1): 289-297.

[19] Daniel J S, Marquis C. Interaction and independence: getting the mixture right[J]. Teaching at a Distance, 1979, 14: 29-44.

[20] Davies J, Graff M. Performance in e-learning: online participation and student grades[J]. British Journal of Educational Technology, 2005, 36(4): 657-663.

[21] Dillenbourg P, Tchounikine P. Flexibility in macro-scripts for computer-supported collaborative learning[J]. Journal of computer assisted learning, 2007, 23(1): 1-13.

[22] Draper S W, Brown M I. Increasing interactivity in lectures using an electronic voting

system[J]. Journal of computer assisted learning, 2004, 20(2): 81-94.

[23] Ebner M, Holzinger A. Successful implementation of user-centered game based learning in higher education: An example from civil engineering[J]. Computers & education, 2007, 49(3): 873-890.

[24] Facer K, Joiner R, Stanton D, et al. Savannah: mobile gaming and learning?[J]. Journal of Computer Assisted Learning, 2004, 20(6): 399-409.

[25] Ford N, Chen S Y. Matching/mismatching revisited: An empirical study of learning and teaching styles[J]. British Journal of Educational Technology, 2001, 32(1): 5-22.

[26] Paas F, Sweller J. An evolutionary upgrade of cognitive load theory: Using the human motor system and collaboration to support the learning of complex cognitive tasks[J]. Educational Psychology Review, 2012, 24(1): 27-45.

[27] Ge X, Land S M. Scaffolding students' problem-solving processes in an ill-structured task using question prompts and peer interactions[J]. Educational technology research and development, 2003, 51(1): 21-38.

[28] Gikas J, Grant M M. Mobile computing devices in higher education: Student perspectives on learning with cellphones, smartphones & social media[J]. The Internet and higher education, 2013, 19: 18-26.

[29] Hillman D C A, Willis D J, Gunawardena C N. Learner-interface interaction in distance education: An extension of contemporary models and strategies for practitioners[J]. American Journal of Distance Education, 1994, 8(2): 30-42.

[30] Hedberg J G, Perry N R. Human-computer interaction and CAI: A review and research prospectus[J]. Australian Journal of Educational Technology, 1985, 1(1): 12-20.

[31] Sweller J. Cognitive load during problem solving: Effects on learning[J]. Cognitive science, 1988, 12(2): 257-285.

[32] Jonassen D H, Kwon H. Communication patterns in computer mediated versus face-to-face group problem solving[J]. Educational technology research and development, 2001, 49(1): 35-51.

[33] Jonassen D H, Rohrer-Murphy L. Activity theory as a framework for designing constructivist learning environments[J]. Educational technology research and development, 1999, 47(1): 61-79.

[34] Kay R H, LeSage A. Examining the benefits and challenges of using audience response systems: A review of the literature[J]. Computers & Education, 2009, 53(3): 819-827.

[35] Koper R, Olivier B. Representing the learning design of units of learning[J]. Journal of Educational Technology & Society, 2004, 7(3): 97-111.

[36] Lin S S J, Liu E Z F, Yuan S M. Web-based peer assessment: feedback for students with various thinking-styles[J]. Journal of computer assisted Learning, 2001, 17(4): 420-432.

[37] Liu I F, Chen M C, Sun Y S, et al. Extending the TAM model to explore the factors that affect intention to use an online learning community[J]. Computers & education, 2010, 54(2): 600-610.

[38] Livengood M D. Interactivity: Buzzword or instructional technique[J]. Performance and Instruction, 1987, 26(8): 28-29.

[39] Madge C, Meek J, Wellens J, et al. Facebook, social integration and informal learning at university:'It is more for socialising and talking to friends about work than for actually doing work'[J]. Learning media and technology, 2009, 34(2): 141-155.

[40] Martınez A, Dimitriadis Y, Rubia B, et al. Combining qualitative evaluation and social network analysis for the study of classroom social interactions[J]. Computers & education, 2003, 41(4): 353-368.

[41] Moore M G. Three types of interaction[J]. The American Journal of Distance Education, 1989, 3(2): 1-6.

[42] Moreno R, Mayer R. Interactive multimodal learning environments: Special issue on interactive learning environments: Contemporary issues and trends[J]. Educational psychology review, 2007, 19: 309-326.

[43] Pena-Shaff J B, Nicholls C. Analyzing student interactions and meaning construction in computer bulletin board discussions[J]. Computers & Education, 2004, 42(3): 243-265.

[44] Sims R. An interactive conundrum: Constructs of interactivity and learning theory[J]. Australasian Journal of Educational Technology, 2000, 16(1): 45-57.

[45] Schellens T, Valcke M. Fostering knowledge construction in university students through asynchronous discussion groups[J]. Computers & Education, 2006, 46(4): 349-370.

[46] Schrire S. Knowledge building in asynchronous discussion groups: Going beyond quantitative analysis[J]. Computers & Education, 2006, 46(1): 49-70.

[47] Sharples M. The design of personal mobile technologies for lifelong learning[J]. Computers & education, 2000, 34(3-4): 177-193.

[48] Smith H J, Higgins S, Wall K, et al. Interactive whiteboards: boon or bandwagon? A critical review of the literature[J]. Journal of computer assisted learning, 2005, 21(2): 91-101.

[49] Anderson T. Getting the Mix Right Again: An Updated and Theoretical Rationale for Interaction[J]. The International Review of Research in Open and Distributed Learning, 2003, 4(2).

[50] Miyazoe T, Anderson T. The Interaction Equivalency Theorem[J]. Journal of Interactive Online Learning, 2010, 9(2): 94-104.

[51] Thomas M J W. Learning within incoherent structures: The space of online discussion forums[J]. Journal of Computer Assisted Learning, 2002, 18(3): 351-366.

[52] Vrasidas C, McIsaac M S. Factors influencing interaction in an online course[J].

American journal of distance education, 1999, 13(3): 22-36.

[53] Wagner E D. In support of a functional definition of interaction[J]. American Journal of Distance Education, 1994, 8(2): 6-29.

[54] Weinberger A, Fischer F. A framework to analyze argumentative knowledge construction in computer-supported collaborative learning[J]. Computers & education, 2006, 46(1): 71-95.

[55] Wu J H, Tennyson R D, Hsia T L. A study of student satisfaction in a blended e-learning system environment[J]. Computers & education, 2010, 55(1): 155-164.

[56] Zurita G, Nussbaum M. Computer supported collaborative learning using wirelessly interconnected handheld computers[J]. Computers & education, 2004, 42(3): 289-314.